国家自然科学基金（51701050）
黑龙江省基金（QC2018057、E2016022）资助

数值模拟在材料腐蚀与防护中的应用

刘 斌　刘英伟　张 涛　著

北 京
冶金工业出版社
2020

内 容 提 要

本书系统地介绍了材料腐蚀数值模拟技术在腐蚀与防护中的应用。全书共分6章，第1~3章是材料腐蚀电化学仿真计算所涉及的基础原理和基本理论，包括腐蚀电化学基本理论、有限元模拟计算基本理论；第4~6章重点介绍了管路和船舶腐蚀与防护技术仿真计算的一些应用实例。数值模拟技术种类很多，有限元方法是其中的一种，本书的计算方法均采用有限元方法，同时也使用了 MATLAB 等一些辅助工具。

本书可供石油化工及船舶与海洋工程技术应用领域从事材料腐蚀与防护相关研究工作的工程技术人员阅读，也可供大专院校相关专业师生参考。

图书在版编目(CIP)数据

数值模拟在材料腐蚀与防护中的应用/刘斌，刘英伟，张涛著. —北京：冶金工业出版社，2020.9
ISBN 978-7-5024-5493-7

Ⅰ.①数… Ⅱ.①刘… ②刘… ③张… Ⅲ.①数值模拟—应用—腐蚀—研究 ②数值模拟—应用—防护—研究
Ⅳ.①TG17 ②TB4

中国版本图书馆 CIP 数据核字（2020）第 168686 号

出 版 人 苏长永
地　　址 北京市东城区嵩祝院北巷 39 号 邮编 100009 电话 （010）64027926
网　　址 www. cnmip. com. cn 电子信箱 yjcbs@ cnmip. com. cn
责任编辑 李培禄 常国平 美术编辑 彭子赫 版式设计 禹 蕊
责任校对 王永欣 责任印制 李玉山
ISBN 978-7-5024-5493-7

冶金工业出版社出版发行；各地新华书店经销；三河市双峰印刷装订有限公司印刷
2020 年 9 月第 1 版，2020 年 9 月第 1 次印刷
169mm×239mm；9.5 印张；205 千字；144 页
57.00 元

冶金工业出版社 投稿电话 （010）64027932 投稿信箱 tougao@cnmip. com. cn
冶金工业出版社营销中心 电话 （010）64044283 传真 （010）64027893
冶金工业出版社天猫旗舰店 yjgycbs. tmall. com
（本书如有印装质量问题，本社营销中心负责退换）

前　言

数值模拟技术是随着计算机的出现而发展起来的一种数值计算技术。它的出现给各学科、各行业的发展带来了划时代的意义。众所周知，西方科技发达，在于她有一整套逻辑推演系统，在揭示各学科领域的理论、规律的时候，可以将复杂因素之间的影响、耦合关系通过一个或一组微分、偏微分方程表示出来，这使得对过程、工艺的控制具有可操作性。

尽管能够根据某些自然法则譬如三大守恒定律，推导出表示事物演变过程的控制方程，但这些方程一般很难得到解析解，除非在边界条件非常简单的情况下，一般这些方程无解。数值模拟技术的出现给这些问题的解决带来了希望。通过对研究对象的离散，可以将微分或偏微分方程（组）转为代数方程（组），再利用计算机求解这些方程（组），所得的结果在一定程度上反映了事物的运动规律。一定程度意味着还不是完美的，这是因为离散会带来误差，将具有无限自由度的研究对象离散成有限个研究单元的集合，这会使研究对象的物理规律稍有误差。不过随着计算机硬件的进步，因细化网格而带来的硬件开销已经不是研究的瓶颈了，只要离散得足够精细，那么数值解就会无限地接近解析解（真解）。因此这种方法已经成为各领域不可或缺的有力工具，各种专业软件、工具包浩若烟海，人们可以从中选择合适的软件进行相关的计算。

在腐蚀研究领域，数值模拟技术同样得到广泛的应用。腐蚀是一种电化学过程，这一过程伴随着放电，因此有时可以将之看做静电场问题。在求解描述电场的拉普拉斯方程时，数值模拟技术大显身手，研究者可以通过它得到所需的任何信息。如果模拟技术再结合一些优化算法，便可使得对腐蚀的研究如虎添翼，例如：将遗传算法和有限元技术相结合，可以确定外加电流阴极保护阳极最佳位置等。因此毫不夸张地说，数值模拟技术使得腐蚀领域的研究迈入了更高一级的科学殿堂，它势必会给大家带来越来越多的惊喜。

　　数值模拟技术种类很多，有限元方法是其中的一种，本书的计算方法均采用有限元方法，同时也使用了 MATLAB 等一些辅助工具，涉及 MATLAB 工作部分由沈阳材料科学国家研究中心东北大学联合研究分部、东北大学材料科学与工程学院张涛教授完成。

　　本书第 2、5、6 章由哈尔滨工程大学超轻材料与表面技术教育部重点实验室刘斌在中国石化西北油田与哈尔滨工程大学联合培养博士后在站期间编写，其余章节由哈尔滨工程大学材料科学与化学工程学院刘英伟编写，全书由刘斌统稿。鉴于作者水平有限，书中难免有不足之处，恳请各位读者多多批评指正。

作　者

2020 年 5 月

目　　录

1 绪 论

1.1 腐蚀的普遍性与危害

腐蚀是材料与周围环境发生化学或电化学反应导致材料表面乃至基体被破坏的现象，它广泛地存在于生产和生活中的各个领域。腐蚀会造成材料的巨大损耗。据统计，全球每年因腐蚀而造成的金属损失高达全年产量的 20%~40%[1]，因腐蚀而造成的经济损失达 6000 亿~12000 亿美元，占各国国民生产总值之和的 2%~4%[2]，比自然灾害（地震、台风、水灾等）损失总和的 6 倍还多。英国每年因腐蚀而造成的损失约为 1300 亿英镑，占国民经济总产值的 3.5%[3]；美国每年因腐蚀造成的直接经济损失约为 2760 亿美元，占 GDP 的 3.1%，人均达到 1100 美元[4]。按照国际惯例最低标准，腐蚀损失占 GDP 的 3% 计算，我国在 2009 年的 GDP 为 33.5 万亿元人民币，腐蚀损失将超过 10000 亿元人民币，为自然灾害损失的 4 倍，其破坏力之大令人震惊！

腐蚀不仅造成物质损失、能源浪费和设备失效等直接经济损失，还进一步引起原料污染、生产中断、环境污染、爆炸和人员伤亡等间接经济损失。历史上，由于未对容易受到腐蚀的金属设备进行有效的保护，而造成巨大损失的事例非常普遍。例如，1993 年在墨西哥，由于污水管道漏水，造成了管道下方的输油管道腐蚀，导致原油泄漏而引发了爆炸；美国空军的新型战斗机，利用石墨作润滑剂，致使不同种类的金属间产生了腐蚀，从而导致飞机发动机失去燃料供应而失事；MVKIRKI 号货轮，由于承重箱上没有任何防腐蚀保护措施，发生了金属腐蚀，再加上疲劳工作，导致船体失控等[5]。

20 世纪 70 年代左右，一些工业发达国家逐渐认识到腐蚀危害的严重性，开始采取相应的措施降低腐蚀所造成的危害。

1.2 传统腐蚀研究手段的不足

由于腐蚀危害如此之大，因此研究各种形式腐蚀的机制、过程，并据此制定相应的防腐措施，就成为各国政府的必然选择。在计算机模拟技术出现以前，研究者一直采用实验的方法进行研究。这种传统的研究方法在腐蚀与防护领域取得了很大的成就，但由于各种客观原因，其研究手段也往往会受到实验条件的制约，使得研究难以进行下去或研究不够充分，试举几例。

案例一：阴极保护是常用的一种防腐方法。对于阴极保护设计，电流密度的确定是十分重要的。但以前基本上都是采用传统的半经验设计方法，即依据一定的规范将被保护表面各处对保护电流的要求平均分配到整个表面，也就是说表面各处所需要的保护电流密度都一样，并以此确定阴极保护系统各参数，如阳极数量、位置等。这是一种"平均保护电流密度"的思想，是粗糙的设计方法[6]。由于被保护对象的几何复杂性，这种"平均保护电流密度"设计方法，不能反映保护电流密度在空间上的不均匀性和随时间的变化，因而会导致电量分配的不合理：有的部位保护电流密度偏低，结构得不到应有的保护；而有的部位则电流密度偏高，导致过保护，致使结构表面析氢，引起涂层的剥落、钢材氢脆等不良后果。

案例二：在阴极保护工程中，保护电位的监视和控制是一项重要工作，随时掌握被保护体表面的电位分布是非常重要的。在传统的阴极保护工程中，大多采用实际测量或经验估计的方法来获得被保护体表面的电位分布。然而，对于某些结构，如海底管道、海洋平台、深埋的钢桩或钢管、大罐的罐底等，实地测量难度很大或费用昂贵；另外，对于一些新项目，由于不可能事先在现场测试，因此经验公式也无法对结构表面的电位分布进行准确的预测，在这些情况下，传统方法难有作为。随着电化学和计算机技术的发展，人们尝试采用数值计算方法来获取被保护体表面的电位和电流分布，取得了很好的效果[7~9]。

案例三：海洋平台随着开发海域的逐渐加深，平台的结构变得日益复杂，特别是深水海洋平台，由于作业水深达数千米，使得造价大幅度增加。对于一个使用寿命为一年的海洋平台，如果采用先进的防腐设计方案可节省大量的建造材料和防腐费用，例如，牺牲阳极的数量。如果采用传统设计方法，由于无法准确获得被保护体的电位分布，由此可能会过多地使用牺牲阳极而造成很大的浪费，与此同时，平台载荷也会增加，从而影响平台稳定性。而采用数值模拟的方法，可以模拟各种数量和分布的牺牲阳极对表面电位的影响，从而找出合理的防腐方案。

案例四：管道是一种常见的流体传输部件，壁面经常遭到流体的腐蚀，其腐蚀机制十分复杂，既包括流体（以及流体内的固体颗粒、气泡等）的冲刷、冲蚀，也包括表面发生的电化学反应。而这些都和流体的水力学参数（速度、压力、湍流强度、氧含量分布等）有关；同时多数冲蚀发生在高温、高压、高流速等苛刻条件下[10]，再加上管道的密闭性，一般的实验手段难以进行研究，即使可以但成本很高。而采用计算机模拟技术，上述问题即可迎刃而解。利用流体力学、多相流等理论，并结合相应的腐蚀模型，可以得到常规手段得不到的结果，例如，利用相关软件可以帮助确定复杂管线内流速、流态，近壁面的湍流强度等，这对于预测冲蚀敏感部位有着重要的意义。到目前为止，很多国家已经开展了冲蚀模拟的研究和软件开发。

　　案例五：在众多类型的局部腐蚀中，坑蚀、电偶腐蚀、缝隙腐蚀和应力腐蚀也是比较常见的腐蚀类型，它们严重危害金属结构和设备的运行安全。这类腐蚀的共同特点是腐蚀发生的空间范围小，甚至发生在微观尺度范围内，采用传统的实验方法进行观察、测量都十分困难。随着应用数学和计算机技术的发展，数值模拟方法逐渐被应用于研究这类腐蚀问题，且取得了很好的效果[11~14]。

　　案例六：以前高温腐蚀一直通过试验进行研究，但以高温炉膛为例，高温条件下试验存在各种限制和测量难度，因此不能很好地认识炉膛内部的组分场和温度场等信息。近些年来，随着计算机 CFD 技术的发展，通过数值计算方法并结合燃烧理论，此类研究获得重大进展。斯帕尔丁（Spalding）等人率先将计算流体力学（CFD）方法应用于燃烧研究，建立了燃烧的数学模型及数值计算方法。目前，燃烧问题的主要研究方法正逐步从试验研究转向试验与数值模拟相结合，并越来越多地依靠数值模拟方法[15]。

1.3　数值模拟技术在腐蚀研究中的应用

　　数值模拟技术的出现，在很大程度上是因为微分、偏微分方程的难以求解。很多物理、工程问题可以用一个（组）微分或偏微分方程来描述。以腐蚀电位分布为例，当体系的腐蚀达到稳态时，腐蚀电位可以用拉普拉斯方程描述，这是一个二阶偏微分方程，除非在边界条件非常简单的情况下，否则一般情况下该方程难以求解，无法得到电位随空间的分布规律。在这种情况下，寻求近似解是唯一出路。数值模拟就是求近似解的一种方法，根据所依据原理的不同，主要分为：有限差分法、有限元法和边界元法。

　　不管是哪种数值方法，都包含着一个离散化的问题（时间上和空间上）。因为在微分方程中，微分算子所作用的函数都是连续函数，而电子计算机所能处理的函数是离散的，所以模拟的第一步，就是通过离散将微分方程化为代数方程，从而建立代数方程组，求解方程组从而获得所需要的物理量值。数值方法的优点是，它能解决解析法所不能解决的问题，原则上可以求解具有任何复杂边界形状的边值问题，且可达到任意的精度。

1.3.1　有限差分法

　　在这三种数值方法中，有限差分法出现最早。有限差分法（亦称网格法）的原理是把场域用差分网格来进行分割（即离散），将偏微分方程中的偏导数用差商形式表示。将这一思想施加于场域中所有离散的点，就得到一组关于离散点场变量的方程组，再施加以一定的边界条件（也是施加于边界离散点上），求解这些方程组，就得到了离散点上场变量（例如电位）的值。这种方法比较简单，网格的剖分也容易，数据准备省时，编制程序方便，但缺点是对不规则的曲线边界处理不方便。当区域的边界线和内部媒介分界线形状比较复杂以及场域的分布变化量较大时，由于差分法的网格剖分缺少灵活性，较难适应，这就给使用带来极大的不便。

从 20 世纪 60 年代开始国内外就开始采用有限差分法来研究腐蚀过程电位分布规律。1964 年，Klingert[16]等人首先利用有限差分法研究了电极的几何形状等因素对电流分布的影响。在这之后 Doig 和 Flewitt[17]用有限差分法计算了电解液中二维电偶腐蚀的电位分布。张鸣镝[18]利用 FDM 计算了装有海泥的槽中海底管道表面的电位分布。1981 年 Strommen 等人[19]也用差分法评估了海上结构物阴极保护系统的行为。ROS STROMMEN 等人[19]运用有限差分法求解了用极坐标表示的 LAPLACE 方程，并将其分别用于海水和海泥情况下环状阳极和条状阳极保护的计算。在计算中考虑了裸钢、涂层破损、特定阳极排列、阳极数量等对计算结果的影响。钱海军等人[20]考虑了径向电位分布，对大口径的粗管内部电位分布进行了有限差分计算。戚喜全等人[21]采用有限差分方法，对铝电解槽炉底存在四种结壳时的阴极电位场进行了三维模拟计算。Strommen[22]和 Rodland[19]用有限差分法评估了海上结构物阴极保护系统的电位分布及其特性。

应该说，在处理腐蚀问题时，有限差分法可以给出较准确的结果，但是对于复杂的三维问题，由于必须进行全域的三维划分，故而过程复杂、工作量很大，在实际应用中显得力不从心，因此，有限差分法大都用来处理二维腐蚀问题，这就大大限制了它的应用。

1.3.2 有限元法

有限元法是根据变分原理和离散化而取得近似解的方法。它不是直接对偏微分方程求解，而是先从偏微分方程边值问题出发，找出一个能量泛函的积分式，并令其在满足第一类边界条件的前提下取极值，即构成条件变分问题。这个条件变分问题是和偏微分方程边值问题等价的。有限元法便是以条件变分问题为对象来求解。在求解过程中，将求解区域剖分成有限个单元（即离散），在每一个单元内近似地认为求解函数随坐标线性变化，单元内任一点的函数值可通过节点的函数值插值求出。将插值函数代入能量泛函的积分式，再把泛函离散化成多元函数，之后求此极值就得到了一个代数方程组，求解代数方程组就可得到所求边值问题的数值解。由于多数有限元法计算格式简单，可以方便地处理复杂的几何面，其单元不必有正规形状或者尺寸，且引进边界条件容易，因此得到广泛使用。

从 20 世纪 70 年代，有限元法（FEM）[23~29]开始在许多工程领域上被广泛使用，它也是阴极保护数值仿真中各种编程、软件采用的较为成熟的计算方法。

John W. Fu[23]等人应用有限元法计算了多电极体系电位分布，并把计算结果同实验结果进行对比，确定了 FEM 应用于腐蚀问题的可靠性。Chin 和 Sabde[29]研究了二维稳态涂层缺陷缝隙阴极保护数值模型，采用 FEM 计算了缝隙内电化学环境的改变和电流分布。

1981 年 Helle 等人[30]、1983 年 Kasper 等人[31]和 1985 年 Iwata 等人[32]先后采用有限元法对实验模型和实际结构的阴极保护进行了分析和研究。Iwata 等人[32]提出了分段模拟线性化的实用又可靠的方法。

石俊生等人[33]把电流场问题转化为静电场的模型，编制了二维电流场的计算软件，集单元剖分、电势计算、画等势线为一体，计算了二维点电流场分布。杜丽惠、江春波[34]采用伽辽金有限元离散格式，对一个电池电解液的定常电位分布和电流分布进行了模拟，根据流体力学的不可压缩流动理论，证明定常电位分布情况下腐蚀电流在边界上自动满足电流通量综合为零的条件，简化了计算模型。邱枫、徐乃欣[35~37]建立了码头钢管桩阴极保护、带状牺牲阳极对埋地钢管实施阴极保护、钢质储罐底板外侧阴极保护的有限元模型，讨论了水的电阻率、土壤电阻率、表面涂层、阳极排布以及阳极长度等因素对电位分布的影响，给出了较合理的计算结果。John W. Fu 等人[23]用有限元法计算了蒸汽机在清洗过程中的电偶腐蚀率，结果表明在 1~600 号管束和各种碳钢结构中间的电偶腐蚀率很低，而在高热的焊接区则很高。John W. Fu 针对一个同心圆环的腐蚀电池[38]，取一对称面作为研究平面来实现降维减少运算量，用通用有限元程序 WECAN 作为计算工具，将 WECAN 计算的结果和 McCafferty 用其他方法计算的结果及巧妙设计的可近似测量局部区域电流密度的同心圆环电池的实验测量结果作了比较，实际值和测量值有很好的吻合。此外，John W. Fu 等人[39]针对与上面同样的腐蚀圆环电池应用格林定理第三公式去解 LAPLACE 方程，分析结果遵从实验结果并且在腐蚀介质均匀条件下这种方法比有限元法和差分法更为有效和简单。E. A. Decarlo等人[41]运用 NASTRAN 有限元程序计算了深海平台阴极保护状况，他们考虑了随时间变化的阳极对平台表面极化行为引起的电位、电流分布变化，并绘出了不同时间的电位、电流密度分布图。Raymond S. Munn[42]根据能量守恒原理详尽地推导了可适用于稳态电化学场 LAPLACE 方程及可用于电化学场分析的有限元公式，应用 MARC 有限元程序对锌阳极保护下钢板表面及海水介质中的电化学场进行计算，并将理论电化学场和实测值进行了对比，发现离钢板比较远的距离计算值和实测值相差较小。R. S. Munn 和 O. F. Devereux[43]于 1991 年在 Ccrrosion 上发表了《电偶腐蚀体系的数学模型和求解》一文，系统地介绍了海军水下研究中心和 Conneticut 在计算腐蚀分析方面所取得的成果。Rolf G. Kasper 和 Martin Gapril[25]用 NASSTRAN 通用有限元程序对锌阳极保护下涂层破损部分保护的海洋钢结构进行了分析，作者对 4 种不同边界条件情况下 4 个实例进行了计算，并分别绘出了沿法向和径向电流密度分布图，作者认为阴、阳极尺寸，涂层电阻率对阴阳极之间相互作用有重要影响，非线性边界条件可以通过分段线性很方便地包括到边界条件中去。John W. Fu 和 S. K. Chan[26]考虑了离子的迁移和水化作用及局部腐蚀电池中随时间变化而发生不同的化学变化，具体如下：在局部腐蚀电池刚开始时可认为每一个单元都具有相同电导率并且金属表层与均匀腐蚀介质相接触，计算出此时电位分布；在下一个时间序列计算之前用计算出的电位代入特定公式计算离子迁移率，同时由离子的水化作用计算出此时的离子浓度；再由浓度计算电导率和调整边界条件，重复直到达到稳态。他们以 Ag 在 0.1mol/L 的 KNO_3 中的缝隙腐蚀为例，与实验结果相比较非常符合。H. P. E. Helle、G. H. M. Beek 和 J. Th. Ligtelijn[44]用有限元法计算了矩形区域中阴阳极在底部发生电偶腐蚀时电位分布情况，他们用三角单元剖分求解区域绘出了电位分布图，并与用 WABER 公式计算结果进行了比较。

1.3.3   边界元法

边界元法也称边界积分方程法，它的基本思想是应用格林公式把区域积分转化为区域边界积分，采用对边界积分方程离散、插值等手段，获得关于边界上未知物理量的代数方程组，从而求得所要求的物理量。和有限差分、有限元法相比，它的优点是：

（1）可以进行降维处理，简化建模过程；

（2）可真实地模拟局部细节；

（3）可解决边界有限、区域无穷问题；

（4）具有精确的边界效应；

（5）适用性强，精度高；

（6）易于使用，数据准备简单快速。

边界元法自 20 世纪 80 年代初开始出现，就在阴极保护领域得到应用[19,20,42,45,46]。边界元法的最大特点就是仅需对边界（如被保护体表面、阳极表面等）划分网格并计算，这正符合阴极保护工程设计的本意，因而在阴极保护领域得到了广泛的应用。Danson 和 Wanre[47]编制出首个解决腐蚀工程问题的边界元法计算机程序。该程序考虑了极化曲线的影响，同时针对二维和三维无限域问题，提出应用对称性方法解决问题，减少了单元和方程个数，大大降低了工作量和计算机时。Adey[48]和 Niku[49]将边界元理论应用于外加电流阴极保护系统，建立了理论模型并进行了初步的分析工作。王秀通[50]应用二维边界元法对埋地管线的阴极保护电位进行了数值仿真，并分别采用 Newton-Paphson 迭代法和分线段拟合的方法对边界条件进行线性化处理。胡舸等人[51]构建了海水中管线钢的阴极保护数学模型，应用边界元法求解了均匀电解质中管线钢表面的电位分布。

随着边界元法在腐蚀和防腐领域中应用的逐步成熟，国外学者积极开发应用型的计算机软件，并取得了很多成果。通过 PROCAT 计算系统，Carvalho 和 Telles 等人[52,53]研究了水流搅动、阳极布置和电导率对阴极保护系统保护电位分布的影响。Gartland[54]应用边界元法编制了计算机程序 COMCAPS，该程序不仅可进行阴极保护设计，并且可以模拟与时间有关的生成石灰沉淀物时真实的非线性阴极极化条件。Adey[55]等人基于边界元法，研发可进行三维计算的通用型计算程序。该程序具备管单元和面单元等单位元素，可对复杂结构进行建模模拟，使得计算模型更贴近实际情况；同时为使模拟条件更接近真实，考虑导电介质中各种因素对极化曲线的影响；同时还创建了数据库，方便防腐蚀工程师调用计算结果和积累工程经验。

Fu 等人[39]在 1982 年采用边界元法对腐蚀场进行了计算；Danson[56]、Robert[57]和 Matsuho Miyasaka[58]等人先后发表了有价值的论文，关于腐蚀场的计算研究也逐渐深入，开始从实验模型向实际工程问题发展，并且在处理阴极保护问题时，大部分均采用了边界元法。

Huang 等人[59,60]、R. A. Adey 等人[61~73]和 V. G. De Giorgi 等人[74~78]开展了系统而深入的研究，从他们的研究工作可以看出，阴极保护的数值模拟计算逐渐由阴极保护行为预测评估转向阴极保护系统设计优化，即考虑寿命期内各种阴极保护影响因素及其变化，利用目标函数求解最佳的阴极保护系统。

Y. Huang 等人[59]利用边界元法研究了船舶浸水外表面和船舶压载舱牺牲阳极阴极保护的行为，得到了电位、电流密度分布，同时优化了牺牲阳极形状和牺牲阳极分布，得到了保护效果既好又经济的设计方案。R. A. Adey 等人的研究大部分集中于外加电流阴极保护，建立了阴极保护边界元数学模型和优化的基本方程[61,62,64,65,68,72]，研究了外加电流阴极保护系统阳极输出电流、阳极位置对电位/电流密度分布的影响规律[65,66]，同时也模拟分析了船舶外加电流系统对码头的杂散电流干扰，以及外加电流阴极保护系统的瞬态响应行为[69]。R. A. Adey 等人[67]建立的边界元逆向计算方法，可以利用参比电极的信号、阴极保护系统数据和环境数据得到阴极保护电流的流向和结构表面（涂层）状态。R. A. Adey 等人还利用边界元法建立了舰艇水下电磁场计算方法[73]。V. G. De Giorgi 等验证了边界元法数值模拟分析阴极保护的准确性[75,76]，并创造性地将数值模拟与物理缩比模型方法有机结合，充分利用了数值模拟分析的快速和缩比模型的结构准确特点，对所有美国海军舰艇（包括航母）进行了阴极保护设计优化，并利用实船测试数据证明了这种方法的实用性与可靠性[78]，目前这种方法已成为美国海军阴极保护设计规范（NAVSEA）。V. G. De Giorgi 认为，不能将舰船的表面涂层看作为绝缘层，并研究了其电位/电流响应关系，得到的计算结果与实际测试结果非常吻合[78]。

　　Robert A. Adey 等人[28]介绍了 BEASY 边界元软件在设计相邻管线阴极保护系统中的应用，给出了阳极保护时埋地钢管间相互影响时的计算值，涂层老化后管线和相邻新涂层管线间相互影响时管线表面电位值，还讨论了储罐底部电位分布情况及受阴极保护的储罐旁有管线通过时对保护效果的影响。R. Strommen、W. Keim、J. Finnegan 和 P. Mehdizadeh[79]在用边界元计算石油平台阴极保护时，列出了三种情况下边界条件：常电流密度、线性极化曲线、随时间而变化的非线性极化曲线。在计算中他们特别讨论了随时间变化时平台节点表层电位变化情况，并指出随时间变化时钙沉积层变化对钢极化的影响。

　　从近年发表的文章来看，在计算方面做得比较完善的是 J. C. F. Telles 等人[53]，他们用专门设计的边界元计算软件 PROCAT 计算了一复杂的一半位于水下的平台的阴极保护情况。PROCAT 系统由两大模块组成：可研究二维和反对称情况下的模块以及可研究三维情况下的模块，而且可研究三维情况的模块中有 6 种可适用于不同类型复杂体系的亚超元，从对复杂体系的离散和计算结果来看，PROCAT 系统还是非常有实用价值的。

　　S. Aoki、K. Kishimoto 和 M. Miyasaka[80]用三维边界元法计算由于阴阳极相互作用而引起的电偶场效应，用牛顿高斯迭代法解非线性方程组，并且在一个圆柱形碳钢、不锈钢材质充满氯化钠溶液容器中做了验证实验，还在容器中放入一块铝片模拟阴极保护做了验证实验，通过比较证明了计算结果的合理性和实用性。F. Brichau 和 J. Deconinck[81]将有限元法、边界元相结合提出了一个受阴极保护埋地管网的数学模型 OKAPPI，结合边界条件计算管道的电位和电流分布。他们在计算中假设土壤是均匀同向性的并且地表是平坦的，还考虑了欧姆电位的降落。他们的计算结果表明，沿管线的法向电位变化等参数是监视和控制阴极保护所必须的。利用他们的模型可以简化地下管道阴极保护系统的设计工作。

　　B. W. Cherry、M. Foo 和 T. H. Siauw[82]对硫酸溶液中铜锌双电极表面电位用边界元法进行了计算，绘出了不同尺寸比例铜锌电极时电位分布。Walmar Baptista 等人[83]对海水收集管线内部阴极保护设计使用了 PROCATBEM 软件，并用搅拌状态和在高速海水中测得的极化曲线作为边界条件，计算了长管线时管线上电位分布和固定间隔阳极时电位分布，得到了一系列特定条件下海水收集管线内部阴极保护系统设计参数。刘曼[9]用边界元法计算了管内介质处于流动状态时，阴极保护管道内壁的实时电位分布和稳定电位分布，并在实验室内进行了小型的流动场管内阴极保护实验。计算与实际结果较吻合，证实了边界元法应用于管内阴极保护问题的有效性和准确度。高满同[84]研究了腐蚀电场平面问题的边界元理论和分析方法，详细论述了腐蚀电场平面问题的边界元理论，针对电极极化曲线的非线性特性，提出一个针对非线性边界条件的边界元问题的迭代解法。最后，按所论述的理论和方法，具体计算了某些电偶腐蚀电场的电位与电流密度分布，并与有关实例进行了比较，发现二者相符甚好。

吴中元[85]采用特殊的柱面单元及边界法计算油井套管表面的电位分布。这一方法可以用于油井套管阴极保护系统的设计。吴建华等人[86]在建立阴极保护电位场数学模型的基础上，以边界元法模拟牺牲阳极与低碳钢直接偶合时牺牲阳极的工作状态。孟宪级等人[87]对区域性阴极保护算法进行改进，用边界元法求解区域性阴极保护的数学模型。周美等人[88]将流场分析和电位场分析结合起来，分析绕流速度对海洋金属结构表面阴极保护电位的影响，从而为给出更合理的阴极保护电位的计算方法提供依据。

参 考 文 献

[1] 张明. 电厂海水冷却系统泵体阴极保护数值仿真和优化设计 [D]. 湛江：广东海洋大学，2013.

[2] 何亮亮. 边界元法评价和优化船舶腐蚀防护方案的研究 [D]. 大连：大连海事大学，2008.

[3] 许立坤，王朝臣. 我国海洋腐蚀与防护领域发展展望 [J]. 海洋科学，2007（2）：13-16.

[4] 陈瓒立. 台湾腐蚀研究及防护技术发展概况 [C] //第三届海峡两岸材料腐蚀与防护研讨会——腐蚀与控制. 北京：化学工业出版社，2002：18-20.

[5] 陈晓婷. 海水中金属外加电流阴极保护的电场形态研究 [D]. 沈阳：沈阳工业大学，2015.

[6] 刘极莉. 船体内舱阴极保护设计技术研究 [D]. 大连：大连理工大学，2005.

[7] 刘磊. 船体阴极保护电位分布研究 [D]. 大连：大连理工大学，2006.

[8] 喻浩. 船舶腐蚀电场数学建模分析 [J]. 机电设备，2013，30（4）：43-47.

[9] 刘曼，殷正安，战广深. 流动场管内阴极保护的电位分布计算 [J]. 大连理工大学学报，1998（5）：107-110.

[10] 胡跃华. 典型管件冲刷腐蚀的数值模拟 [D]. 杭州：浙江大学，2012.

[11] 陈娜茹. 局部腐蚀方钢管混凝土柱抗震性能数值模拟 [D]. 南昌：华东交通大学，2019.

[12] 薛晓峰. 应力腐蚀破裂裂尖微观力场的数值模拟与分析 [D]. 西安：西安科技大学，2011.

[13] Laycock N J, Noh J S, White S P, et al. Computer simulation of pitting potential measurements [J]. Corrosion Science, 2005, 47 (12).

[14] Patrick Arnoux. Atomistic simulations of stress corrosion cracking [J]. Corrosion Science, 2009, 52 (4): 1247-1257.

[15] 刘亚明. 600MW 对冲燃烧锅炉高温腐蚀改造方案的数值模拟研究 [C] //中国电机工程学会、重庆市科学技术协会. 中国电机工程学会第十三届青年学术会议论文摘要集. 中国电机工程学会、重庆市科学技术协会：重庆市科学技术协会，2014：80.

[16] Klingert J A, Lynn S, Tobias C W. Evaluation of current distribution in electrode systems by high-speed digital computers [J]. Pergamon, 1964, 9 (3).

[17] Doig P，Flewitt P E J. Erratum：a finite difference numerical analysis of galvanic corrosion for semi-infinite linear coplanar electrodes [J]. Electrochem. Soc.，2019，127（4）.

[18] 张鸣镝，杜元龙，殷正安，等. 有限差分法计算海底管道阴极保护时的电位分布 [J]. 中国腐蚀与防护学报，1994（1）：77-81.

[19] Strommen R，Rodland A. Computerized techniques applied in design of offshore cathodic protection system [J]. Material Performance，1981（20）：15-20.

[20] 钱海军，刘小光，张树霞，等. 管内阴极保护的数值模拟（Ⅱ）——有限差分法计算大口径管内的电位分布 [J]. 化工机械，1997（5）：33-35，62.

[21] 戚喜全，冯乃祥. 铝电解槽阴极三维电位场数值计算与分析 [J]. 材料与冶金学报，2003（2）：103-107.

[22] Strommen R D. Computer modeling of cathodic protection systems utilised in CP monitoring [C] //OTC4357，Houston.

[23] John W Fu，Siu-Kee Chan. Finite element determination of galvanic corrosion during chemical cleaning of steam generator [J]. Materials Performance，1986（3）：33-40.

[24] Corrosion Systems：Part 2：Finite element formulation and descriptive example [J]. Corrosion，1991，47（8）：617-622.

[25] Rolf G Kasper，Martin Gapril. Electro galvanic finite element analysis of partially protected marine structures [J]. Corrosion，1983，39（5）：181-188.

[26] John W Fu，Siu-Kee Chan. A finite element analysis of corrosion cells [J]. Corrosion，1984，40（10）：540-544.

[27] 吴建华，刘光洲. 压载水舱的阴极保护电位、电流分布计算 [C] //青岛：第三届海峡两岸材料腐蚀与防护研讨会，2002：43-47.

[28] Robert A Adey，Matthew Rudas，Thomas J Curtin. Corrosion simulation software predicts interaction of underground electric fields [J]. Materials Performance，2000（1）：28-32.

[29] Chin D T，Sabde G M. Current distribution and electrochemical environment in a cathodically protected crevice [J]. Corrosion，2000，56（3）：229-237.

[30] Helle H P E，Beek G H M. Numerical detemination of potential distributions and current densities in multi-electrode systems corrosion [J]. Corrosion，1981（37）：522-530.

[31] Kasper R G，Martin G. Electro galvanic finite elecment analysis of partially protected marine structures [J]. Corrosion，1983（39）：181-188.

[32] 永并欣一，岩田光正. 电气防食下における电位分布の数值解析 [J]. 日本造船学会论文. 1985（158）：670-678.

[33] 石俊生，孙以材. 二维点电流势场有限元分析 [J]. 云南师范大学学报（自然科学版），1996（3）：45-51.

[34] 杜丽惠，江春波. 海洋构造物金属腐蚀电流研究 [J]. 水利水电技术，1999，30（12）：53-55.

[35] 邱枫，徐乃欣. 码头钢管桩阴极保护时的电位分布 [J]. 中国腐蚀与防护学报，1997，17（1）：12-18.

［36］邱枫，徐乃欣．用带状牺牲阳极对埋地钢管实施阴极保护时的电位和电流分布［J］．中国腐蚀与防护学报，1997，17（2）：106-110.

［37］邱枫，徐乃欣．钢质储罐底板外侧阴极保护时的电位分布［J］．中国腐蚀与防护学报，1996，16（1）：29-36.

［38］John W Fu. A finite element analysis of corrosion cells［J］. Corrosion, 1982, 38（5）: 295-296.

［39］John W Fu, Chow J S K. Cathodic protection designs using an integral equation numerical method［J］. Materials Performance, 1982, 21（10）: 8-12.

［40］Albert W Forrest, Richard T Bicicchi. Cathodic protection of bronze propellers for copper nickel surfaced ships［J］. Corrosion, 1981, 37（6）: 349-357.

［41］Decarlo E A. Computer aided cathdic protection design technique for complex offshore structures［J］. Materials Performance, 1983（22）: 38.

［42］Raymond S Munn. A mathematical model for a galvanic anode cathodic protection system［J］. Materials Performance, 1982（8）: 29-36.

［43］Munn R S, Devereux O F. Numerical modeling and solution of galvanic corrosion systems: Part 1: Govering diffrerential equation and electrodic boundaray conditions［J］. Corrosion, 1991, 47（8）: 612-617.

［44］Helle H P E, Beek G H M, Ligtelijn J Th. Numerical determination of potential distribution and current densities in multi-eletrode systems［J］. Corrosion, 1981, 37（9）: 523-530.

［45］吴建华，云凤玲，邢少华，等．数值模拟计算在舰艇阴极保护中的应用［J］．装备环境工程，2008（3）：1-4, 66.

［46］陈世一，吴先策，江国业．管道强制电流阴极保护电流和电位计算的数值方法［J］．石油化工高等学校学报，2008（3）：75-78.

［47］Danson D J, Wanre M A. Current density/voltage calculations using boundary element techniques［C］//NACE Conference, Los Angeles, USA, 1983.

［48］Adey R A, Niku S M. Computer modeling of corrosion using the boundary element method［J］. Computer Modeling in Corrosion, STP-1154, Philadelphia, PA: American Society for Testing and Materials, 1992: 248-264.

［49］Adey R A, Brebbia C A, Niku S M. Application of boundary elementsin corrosion engineering［J］. Topics in Boundary Elements Research, ed Brebbia C A, Vol. 7（Berlin, Germany: Springer-Verlag）, 1990: 34.

［50］王秀通．海水和海泥中阴极保护系统的边界元计算［D］．青岛：中国科学院研究生院（海洋研究所），2005.

［51］胡訸，向斌，张胜涛．MATLAB在海底管线阴极保护电场计算中的应用［J］．海洋科学，2007（12）：34-37.

［52］Carvalho S, Telles J, de Miranda L. On the effect of some critical parameters in cathodic protection systems: a numerical/experimental study［J］. In Computer Modeling in Corrosion, ed. Munn R（West Conshohocken, PA: ASTM International）, 1992: 277-291.

[53] Telles J C F, Mansur W J, Wrobel L C, et al. Numerical simulation of a cathodically protected semi-submersible platform using the procat system [J]. Corrosion Journal, 1990 (46): 513-518.

[54] Gartland P O, Johnsen R. COMCAPS-Computer modelling of cathodic protection systems [J]. NACE Corrosion, 1985 (4): 319-323.

[55] Adey R A, Niku S M, Brebbia C A. Computer aided of cathodic protection system [J]. Boundary Element Ⅶ, 1985 (2) .

[56] Danson D J, Warme M A. Current density/voltage calculation using boundary element method [J]. NACE Conference, 1983: 211-218.

[57] Robert J, Fergusion, Baron R, et al. Stancavage, modeling scale formation and optimizing scaleinhibitor dosages in membrane systems [J]. Memnebrane Technology Conference, 2011 (30): 1-19.

[58] Matsuho Miyasaka. A boundary element analysis on galvanic corrosion problems-computationalaccuracy on galvanic fields with screen plates [J]. Corrosion Science, 1990 (30): 2-3.

[59] Huang Y, Iwata M, Jin L Z. Numerical analysis of electropotential distribution on the surface ofmarine structure under cathodic protection (application of three dismensional BEM) [J]. J. of Thesociety of Naval Architects of Japan, 2006 (168): 589-592.

[60] Iwata M, Huang Y, Fujimoto Y. Application of BEM to design of the impesed canetcatiocicproection system for ship hul [J]. J. of the Society of Naval Architects of Japan, 1992: 171.

[61] Robert A Adey, John Baynham. Design and optimisation of cathodic protection systems using computer similation [J]. NACE & Apos; Annual Conference, 2000 (3): 1-12.

[62] Niku S M, Adey R A. A CAD system for the analysis and design of cathodic protection systems [J]. Plant Corrosion: Prediction of Materials Performance, 1987: 233-256.

[63] Xiaodong Zhang. Study of influence of stray current on potential distnbution of pipeline bynumerical simulation [J]. Advance Materials Research, 2010 (265): 154-155.

[64] Robert A Adey, John Baynham. Computer simulation as an aid to CP system design and interference prediction [J]. CEOCOR 2000 Conference, 2000: 1-15.

[65] Santana Diaz E, Adey R. Optimization of the performance of an ICCP system by changing 4 current supplied and position of the anode [J]. Boundary Elements Methods 24 Conference, 2002: 1-11.

[66] Diaz E Santana, Adey R A. Optimising the loaion of anodes in cathodic poetion systems iosmooth potential dsributuoion [J]. Advances in Engineering Software, 2005 (36): 91-98, 190/197.

[67] Diaz E Santana, Adey R A, Buynham J. Prediction of the condition of a structure subject to corrosion based inverse analysis [J]. Boundary Elements Technology, 2003: 1-10.

[68] Adey R A, Diaz E Santana. Predictive modelling of corrosion and cathodic protection systems [J]. Tri-Service Corrosion Conference, 2003: 1-15.

[69] Adey R A, Diaz E Santana. Computer simulation of the interference between a ship and docks cathodic protection systems [J]. NACE Corrosion Conference, 2003: 1-20.

[70] Baynham J M W, Adey R A. Simulating the transient response of ICCP control Systems [J]. NACE Corrosion Conference, 2004: 1-30.

[71] Adey R A. Baynhiam, design and opimizaio of cahodic pretio systems using computer simulation [J]. NACE International, 2000: 26-31.

[72] Adey R A, Peiyuan Hang. Compuer simulation as an aid to corosion control and reduction [M]. NACE Corrosion Conference, 1999.

[73] Diaz E Santana, Adey R A. Computational Environment for the Optimisation of CP System Performance and Signatures [M]. Warship CP2001. Shrivingham. UK, 2001.

[74] De Giorgi V G. Industrial applications of the BEM, chapter 2, corrosion basics and computer-modeling [J]. Computational Mechanics Publication, 1992: 47-79.

[75] De Giorgi V G, Kee A P, Thomas E D. Characterization accuracy in modeling of corrosion systems [J]. Bondary Elements XV, Vol.1: Fluid Flow and Computational Aspect. 1993: 679-694.

[76] De Giorgi V G, Lucas K E, Thomas E D, et al. Boundary element evaluation of ICCP systems under simulated service conditions [J]. Boundary Element Technology, 1990: 405-422.

[77] De Giorgi V G, Hamiltonb C P. Coating integrity effects on impressed current cathodic poeetion system parameters [J]. Boundary Elements XVIII, Computational Mechanics Publications, 1995: 395-403.

[78] De Giorgi V G. Finite resivity and shipboard corrosion prevention system performance [J]. Boundary Elements XX, 1998: 555-564.

[79] Strommen R, Keim W, Finnegan J, et al. Advances in offshore cathodic protection modeling using the boundary element method [J]. Materials Performance, 1987 (2): 23-28.

[80] Aoki S, Kishimoto K, Miyasaka M. Analysis of potential and current density distributions using a boundary elemnet method [J]. Corrosion, 1988, 44 (12): 926-931.

[81] Brichau F, Deconinck J. A numerical model for cathdodic protection of buried pipes [J]. Corrosion, 1994, 50 (1): 39-49.

[82] Cherry B W, Foo M, Siauw T H. Boundary element method analysis of the pottential field associated with a corroding electrode [J]. Corrosion, 1986, 42 (11): 654-662.

[83] Walmar Baptista, Simone L D C Brasil, Jose Claudio F Telles. Assessing internal cathodic protection foe seawater collection piplines at oil platforms [J]. Materials Performance, 2004 (5): 20-24.

[84] 高满同, 单辉祖. 腐蚀电场平面问题边界元法研究 [J]. 航空学报, 1990, 11 (7): 376-382.

[85] 吴中元, 梁旭巍, 孟宪级, 等. 区域性阴极保护电位分布算法的改进 [J]. 天津纺织工学院学报, 1997, 16 (4): 60-64.

[86] 吴建华, 孙明先, 刘光洲, 等. 边界元法计算牺牲阳极的接水电阻 [J]. 电化学, 1997,

3 (4)：383-388.

[87] 孟宪级，吴中元，梁旭巍，等．区域性阴极保护数学模型算法的改进 [J]．中国腐蚀与防护学报，1998，18 (3)：221-226.

[88] 周美，李淑英．介质流速对海洋金属结构物阴极保护电位的影响 [J]．大连理工大学学报，1998，38 (4)：480-483.

2 腐蚀电化学基本理论

2.1 平衡电位与电极电位

2.1.1 电极反应

一般金属（譬如铁）原子最外层电子受到的束缚很弱[1]，由于能量涨落、碰撞等原因，有些电子会脱离原子核的束缚而成为自由电子，这样一来，位于晶格位置的铁原子就成为了离子，虽然整个铁片仍呈电中性，但铁片内部已经有正负电荷的差别与分布。如图 2-1 所示，如果将这样一块铁片插入水中，由于水分子是极性很强的分子，它可以对晶格位置的铁离子产生吸引作用，有些键力不强的铁离子甚至会被水分子"拉"到水中，从而产生如下反应：

$$Fe_M \longrightarrow Fe_{Sol}^{2+} + 2e_M \qquad (2\text{-}1)$$

式中　下标 M 和 Sol——分别表示物质所在的相；

Fe_M——处在金属固体相中的铁原子；

Fe_{Sol}^{2+}——溶液相中的铁离子；

e——电子。

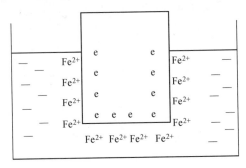

图 2-1　界面反应

经过一定的时间后，溶液中的铁离子会越来越多，这些离子在金属片表面附近的溶液中聚集，当积累到一定程度时，就会有一部分铁离子又回到金属表面，夺取电子被还原为铁原子，其反应如下：

$$Fe_{Sol}^{2+} + 2e_M \longrightarrow Fe_M \qquad (2\text{-}2)$$

上述两个反应，在某一时刻会达成动态平衡，即由铁片进入溶液的铁离子和由溶液回到铁片的铁离子单位时间内、单位面积上数目相等，此时反应变为如下的可逆反应：

$$Fe_M \Longrightarrow Fe_{Sol}^{2+} + 2e_M \qquad\qquad (2\text{-}3)$$

此时从宏观上看，溶液中铁离子浓度不再变化，但微观上，不断有铁离子由铁片进入溶液中；同时亦有铁离子不断回到铁片表面。铁离子的定向流动形成了电流，这种导电属于离子导电，因此溶液（Sol）称为离子导体相。

反应式（2-3）中，从左向右，铁原子失去电子被氧化，因此属于氧化反应，失去电子后的铁原子（Fe_{Sol}^{2+}）称为氧化体，用 O 表示；而从右向左的反应中，铁离子得到电子被还原，因此属于还原反应，被还原的物质（Fe_M）称为还原体，用 R 表示。这样上述反应可以用一个通式表示：

$$R \Longrightarrow O + ne \qquad\qquad (2\text{-}4)$$

上述反应，导致溶液中金属表面附近存在一定数量的铁离子，致使该处溶液呈正电性；而金属因失去一部分铁离子，存在多余的电子而呈负电性。当反应平衡时，溶液净电量和金属净电量绝对值相等。

可以看出，式（2-3）所示的反应与普通的化学反应不同，普通化学反应一般是反应物与生成物混成均相进行，而这一反应由两个相参与，其中一相是电子导体相（铁片），而另一相是离子导体相（溶液）；化学反应则是在两者界面上进行的，反应时有电荷通过界面从一个相进入另一个相，随着电荷的转移，两相界面上还存在着物质的变化（铁离子的还原），这种由电子导体相和离子导体相构成的系统称为电极系统，所伴随的化学反应称为电极反应或电化学反应。

可见一个电极反应由正反两个反应组成，当反应进行的方向是从还原体系向氧化体系转化时，即反应由左向右进行时，称为阳极反应；而当反应由氧化体与电子结合而生成还原体时，即从右向左进行时，称为阴极反应。

2.1.2　电极电位

2.1.2.1　化学位

由热力学可知[2]，恒温恒压下，一个体系从一种状态能否变为另一状态，取决于两个状态的吉布斯自由能（记为 G）之差，当体系后一个状态的自由能低于前一个状态的自由能，即 $G_2 < G_1$ 时，变化可以自发进行；反之，当 $G_2 > G_1$ 时，变化不能自发进行；而二者相等，即 $\Delta G = 0$ 时，则两种状态共存。

恒温恒压下，化学反应也遵循这一规律：当一个体系自发地从反应物转变为生成物时，那么这个体系总的吉布斯自由能是降低的。衡量体系吉布斯自由能的升高与降低，可以用参与反应的各物种的化学位来表征。参与化学反应的某物种的化学位，是这种物质对体系吉布斯自由能的贡献。打个比方，往一个具有一定压力的密闭气缸里（体系）添加某种微量气体（物种），必须施加一定压力以克服内部气体的反抗，才能把微量气体加进去，这样一来，里面气体压力变高了，体系内能增大了，吉布斯自由能也增加了（注意：体系内能和吉布斯自由能不一样，吉布斯自由能是可以对外做功的那一部分内能）。因此，被加进去的微量物种对体系吉布斯自由能的升高作出了贡献，该物种单位物质的量对体系吉布斯自由能的贡献就是它的化学位。若以 M 表示被添加的物种，P 表示该物种要添加进去的相，则该物种的化学位定义为：

$$\mu_{M_P} = \left(\frac{\partial G}{\partial m_M} \right)_{m_j, T, p} \tag{2-5}$$

式中　　T, p——分别为 P 相的热力学温度和压力；

m_j——P 相中除物质 M 外体系中其他物种的物质的量。

恒温恒压下，每向 P 相中添加 1mol M 物质，引起 P 相吉布斯自由能的变化，就称为该物质的化学位。

因此，根据上述定义，对于下面这个化学反应：

$$(-\nu_A)A + (-\nu_B)B \Longrightarrow \nu_C C + \nu_D D \tag{2-6}$$

当反应物对于整个体系吉布斯自由能 G 的贡献高于反应式右边生成物对于整个体系吉布斯自由能贡献，即：

$$\Delta G = \nu_C \mu_C + \nu_D \mu_D - (-\nu_A \mu_A - \nu_B \mu_B) = \sum_j \nu_j \mu_j < 0$$

式中　　μ_j——j 种物的化学位；

ν_j——j 种物的化学计量数，规定反应物的 ν_j 取负数，生成物的 ν_j 取正数。

此时，反应能自发地由左向右进行。

与此类似，若

$$\Delta G = \nu_C \mu_C + \nu_D \mu_D - (-\nu_A \mu_A - \nu_B \mu_B) = \sum_j \nu_j \mu_j > 0$$

则反应由右向左进行；

若　　　　$\Delta G = \nu_C \mu_C + \nu_D \mu_D - (-\nu_A \mu_A - \nu_B \mu_B) = \sum_j \nu_j \mu_j = 0$

则反应达成平衡，正、逆反应速度相等。

2.1.2.2　电化学位

上面是普通化学反应中反应方向与自由能的关系。由 2.1.1 节可知，电化学反应与普通化学反应不同，电化学反应除了引起物质的变化外，还存在电荷在两相间的移动，因此判断反应方向，除了考虑化学位外，还需考虑荷电粒子的电能。在图 2-1 中，铁片表面和溶液带有不同的电荷，因此就存在电位差，电位差会在溶液和金属表面间产生电场，当铁离子由金属进入溶液时，就会受到这个电场的作用，这一作用势必影响电极反应，因此在电极反应中，不能用化学位判断反应进行方向，而是采用一个新概念——电化学位判断反应方向。

如图 2-2 所示，设某一 P 相物质，带有电荷（假设带正电荷）且分布于表面，距离 P 相无限远处有一单位正电荷（以下简称电荷）。

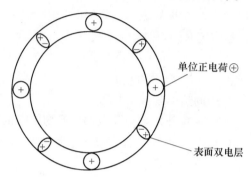

图 2-2　单位正电荷加入到 P 相中

当电荷和 P 相距离无穷远时，两者没有静电作用；而当将电荷向 P 相移动时，会逐渐受到 P 相电场的排斥作用，因此需要外力做功推进，距离 P 相越近，所需外力功越大，最终将电荷移动到 P 相外表面，这些外力功转变为电荷在 P 相电场中的势能，该势能除以电荷的电量（单位点电荷，电量为 1）所得的结果就是 P 相的外电位，记为 φ。

此时，如果接着想将电荷移入 P 相，还需要继续做功，以克服 P 相表面双电层的阻碍。这是因为，P 相表面分子和体内分子所处状态不同，体内分子周围都是同类分子，而表面分子一侧是同类分子，另一侧是周围空气（或者真空），因此表面分子电中性被破坏，产生极化而产生双电层，如图 2-2 所示。故电荷要想进入 P 相，还需增加外力功以克服表面双电层的阻挡，这部分外力功除以电荷电量就是 P 相的表面电位，记为 χ，表面电位 χ 和外电位 φ 加起来就称为 P 相的内电位[3]：$\phi = \varphi + \chi$。

如果将单位正电荷换成一个电量为 q 的电荷，移动到 P 相中，则需要克服的电功为 $q\phi$，也可以说，将电荷移入 P 相后，导致 P 相的电势能升高了 $q\phi$，如果该物质有 m 摩尔，则 P 相电势能升高 $mq\phi$。

在上述分析过程中没有考虑电荷的物质性，如果将物质性考虑进去的话，那么电荷进入 P 相，除了要克服电功外，还需克服电荷与 P 相物质之间的化学力（排斥力），这实际上就是 2.1.2.1 节中讨论的化学位，因此不再赘述。根据上面的阐述，将 m 摩尔 M^{n+} 移入 P 相后，M^{n+} 使体系的化学能和电能均上升，因此体系吉布斯自由能对 M^{n+} 的变化率为：

$$\left(\frac{\partial G}{\partial m_{M^{n+}}}\right)_{m_j, T, p} = \mu_{M_P^{n+}} + nF\phi_P \tag{2-7}$$

式中　$\mu_{M_P^{n+}}$ —— M^{n+} 在 P 相中的化学位；

　　　　ϕ_P —— P 相的内电位；

　　　　F —— 法拉第常数。

定义：

$$\bar{\mu}_{M_P^{n+}} = \mu_{M_P^{n+}} + nF\phi_P \tag{2-8}$$

为 M^{n+} 在 P 相中的电化学位[4]。这样，对于某一电化学反应，可以通过电化学位来判断电极反应进行的程度和方向，当反应平衡时有：

$$\sum_j \nu_j \bar{\mu}_j = 0$$

2.1.2.3　电极电位

下面我们再回到 2.1.1 节中的反应式（2-3）：

$$Fe_M \Longleftrightarrow Fe_{Sol}^{2+} + 2e_M$$

与化学反应平衡时存在 $\sum_j \nu_j \mu_j = 0$ 这一条件类似，电化学反应平衡时亦有 $\sum_j \nu_j \bar{\mu}_j = 0$。下面我们根据这个条件，推导电极反应平衡时内电位和化学位的关系。根据式（2-8）可得式（2-3）中各反应物的电化学位：

$$\bar{\mu}_{Fe_M} = \mu_{Fe_M} + nF\phi_{Fe} \quad (n = 0)$$

$$\bar{\mu}_{Fe_{Sol}^{2+}} = \mu_{Fe_{Sol}^{2+}} + nF\phi_{Sol} \quad (n = 2)$$

$$\bar{\mu}_{e_{Fe}} = \mu_{e_{Fe}} + nF\phi_{Fe} \quad (n = -1)$$

式中　ϕ_{Fe}，ϕ_{Sol} —— 分别为固体相（记为 M，也就是 Fe，两者等同）和离子相（Sol）的内电位。

因为 Fe 原子不带电，因此 $n = 0$，电化学位就等于化学位。将上面三个式子代入 $\sum_j \nu_j \bar{\mu}_j = 0$ 中，得到：

$$\sum_j \nu_j \bar{\mu}_j = 0 \Longrightarrow -\bar{\mu}_{Fe_M} + \bar{\mu}_{Fe_{Sol}^{2+}} + \bar{\mu}_{e_M} = 0$$

即：

$$-(\mu_{Fe_{Fe}}) + (\mu_{Fe_{Sol}^{2+}} + 2F\phi_{Sol}) + 2(\mu_{e_{Fe}} - F\phi_{Fe}) = 0$$

整理得：

$$\phi_{Fe} - \phi_{Sol} = \frac{\mu_{Fe_{Sol}^{2+}} - \mu_{Fe_{Fe}}}{2F} + \frac{\mu_{e_{Fe}}}{F} \tag{2-9}$$

式（2-9）就是电极反应达到平衡时所满足的条件，可进一步记为：

$$(\phi_{Fe} - \phi_{Sol})_e = \frac{\mu_{Fe_{Sol}^{2+}} - \mu_{Fe_{Fe}}}{2F} + \frac{\mu_{e_{Fe}}}{F} \tag{2-10}$$

以及

$$(\phi_{Fe} - \phi_{Sol}) = \frac{\mu_{Fe_{Sol}^{2+}} - \mu_{Fe_{Fe}}}{2F} + \frac{\mu_{e_{Fe}}}{F} = \frac{\mu_{Fe_{Sol}^{2+}} - 2\mu_{Fe_{Fe}} + 2\mu_{e_{Fe}}}{2F} = \frac{\sum_j \nu_i \mu_j}{2F}$$

$$\tag{2-11}$$

定义 $\Phi = \phi_{Fe} - \phi_{Sol} = \phi_{电极材料} - \phi_{Sol}$。$\Phi$ 被称为电极系统的绝对电位[5]，又称 Gal-vani 电位；另外定义 $\Phi_e = (\phi_{Fe} - \phi_{Sol})_e$，称 Φ_e 为电极反应处于平衡状态时的绝对电位，注意这里的下标 e，表示电极反应处于平衡状态。这样一来，如果能测量一个电极反应的绝对电位 Φ，并与平衡态下的绝对电位 Φ_e 相比，就可以判断反应进行的程度和方向：如果 $\Phi_e < \Phi$，则反应由右向左进行；如果 $\Phi_e > \Phi$，则反应由左向右进行；如果 $\Phi_e = \Phi$，则反应处于平衡状态。然而实际上，绝对电位是无法测量到的，这可以通过下面的实验证明这一点。如图 2-3 所示，当测量 Fe 与水溶液构成的电极系统的绝对电位时，需要再加入一个 M/Sol 电极系统以构成回路。设导线和 Fe 同材质，当用测量仪器 V 测量 Fe 与 M 之间电压时，测得的结果是这样的：

$$E = (\phi_{Fe} - \phi_{Sol})_e - [(\phi_M - \phi_{Sol})_e + (\phi_{Fe} - \phi_M)_e] \tag{2-12}$$

这里有两点需注意：式中各项电位差均是平衡条件下的电位差；式中最后一项 $(\phi_{Fe} - \phi_M)_e$ 实际上就是导线的右半段和 M 接触形成的电位差，而左半段导线由于和 Fe 同材质，电位差为零。

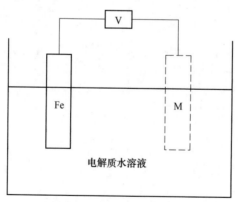

图 2-3　绝对电位测量示意图

由于电压表电阻很大，近似看成开路，因此 Fe/Sol 和 Me/Sol 两个电极各自处于平衡状态，因而根据式（2-10）分别有：

$$(\phi_{Fe} - \phi_{Sol})_e = \frac{\mu_{Fe_{Sol}^{2+}} - \mu_{Fe_{Fe}}}{2F} + \frac{\mu_{e_{Fe}}}{F} \tag{2-13}$$

$$(\phi_M - \phi_{Sol})_e = \frac{\mu_{M_{Sol}^{n+}} - \mu_M}{nF} + \frac{\mu_{e_M}}{F} \tag{2-14}$$

这里假设 M^{n+} 为 n 价。由于 Fe 与 M 接触，是两个电子导体相之间的接触，不引起物质变化，因此不构成电极系统，又由于金属为良导体，电子自由移动不消耗电功，因此可以认为：

$$\bar{\mu}_{e_{Fe}} = \bar{\mu}_{e_M}$$

展开即得：

$$\mu_{e_{Fe}} - F\phi_{Fe} = \mu_{e_M} - F\phi_M$$

整理得：

$$(\phi_M - \phi_{Fe})_e = \frac{\mu_{e_M} - \mu_{e_{Fe}}}{F} \tag{2-15}$$

注意式（2-13）~式（2-15）均有下标 e，表明电极反应处于平衡状态。将式（2-13）~式（2-15）代入式（2-12）得：

$$E = \frac{\mu_{Fe_{Sol}^{2+}} - \mu_{Fe_{Fe}}}{2F} - \frac{\mu_{M_{Sol}^{n+}} - \mu_M}{nF} \tag{2-16}$$

观察式（2-16）我们发现，本来要测量 Fe/Sol 这一电极系统的绝对电位，而现在测得的 E 却并不是绝对电位，实际上根据式（2-12）已知 E 包含了 Fe/Sol、M/Sol、Fe/M 三个绝对电位，因此测量结果实际上是 Fe/Sol、M/Sol 组成的原电池的电动势。基于同样原因，我们也不能测出 M/Sol 的绝对电位，因此任何电极系统的绝对电位是无法得到的。

不能测得电极系统的绝对电位，是不是意味着测量结果就没有价值了呢？不是的，如果将图 2-3 中右侧的电极材料保持不变，而只改变左侧的电极材料，会得到不同电极的相对于右侧同一电极的相对电势，由于右侧电极材料不变，因此式（2-16）中的第二项保持不变，这时不同材料的相对电势之间就有了可比性。实践中，经常对不同电极材料的相对电位作比较，绝对电位反而不常使用，因此，测量结果仍具有实际意义。测量时，右侧材料不变的电极，作为基准而被称为参比电极，相对于参比电极测量的各种材料的电位称为该种材料的电极电位[6]。实际测量中，经常使用的参比电极为标准氢电极（HCE）和甘汞电极（SHE）。

2.1.2.4 Nernst 方程

参比电极有很多种，其中最重要的是标准氢电极，它是用镀了铂黑的 Pt 浸在一个大气压的 H_2 气氛、H^+ 的活度为 $1mol/L$ 的 HCl 溶液中构成的电极系统，这一电极系统反应式为：

$$\frac{1}{2}H_{2(g)} \rightleftharpoons H_{Sol}^+ + e_M \tag{2-17}$$

于是用这个电极系统代替图 2-2 中的 M/Sol 电极来测量 Fe/Sol 的电极电位，当 Fe/Sol 电极反应达到平衡时，根据式（2-16）得：

$$E = \frac{\mu_{Fe_{Sol}^{2+}} - \mu_{Fe}}{2F} - \frac{\mu_{H^+} - \frac{1}{2}\mu_{H_2}}{F} \tag{2-18}$$

从热力学知道，对于存在于溶液相和气相中的物质来说，化学位与它的活度或逸度的关系分别为：

$$\mu = \mu^0 + RT\ln\alpha \tag{2-19}$$

$$\mu = \mu^0 + RT\ln f \tag{2-20}$$

式中　　μ^0——标准化学位，J/mol，即该物质在活度 $\alpha = 1$ 的溶液或逸度 $f = 1$ 的气体中的化学位；

α——存在于溶液中物质的活度，mol/cm^3；

f——存在于气相中物质的逸度，atm 或 101325Pa；

R——理想气体常数，8314J/（K·mol）；

T——热力学温度，K。

标准化学位 μ^0 只与温度和压力有关，通常是取 25℃时的数值，对于只有一种物质组成的固相来说，化学位就等于标准化学位；比较稀疏的溶液以及压力不大的气体，溶液物质 i 活度可以用浓度 c_i 或分压 p_i 替代。

按照热力学规定，标准状态下：

$$\mu_{H^+}^0 = 0$$

$$\mu_{H_2}^0 = 0$$

于是应用氢标电极作参比电极时，式（2-18）电极电位为：

$$E = \frac{\mu_{Fe_{Sol}^{2+}} - \mu_{Fe_{Fe}}}{2F} \tag{2-21}$$

这时如果电极处于平衡状态，则电极电位用 $E_{e(Fe/Fe^{2+})}$ 表示：

$$E_{e(Fe/Fe^{2+})} = \frac{\mu_{Fe_{Sol}^{2+}} - \mu_{Fe_{Fe}}}{2F} \tag{2-22}$$

式中　下标 Fe/Fe^{2+}——电极反应中的还原体和氧化体。

现将式（2-18）补充完整：

$$E = (\phi_{Fe} - \phi_{HCE}) = \left(\frac{\mu_{Fe_{Sol}^{2+}} - \mu_{Fe_{Fe}} + 2\mu_{e_{Fe}}}{2F} \right) - \left(\frac{\mu_{H_{Sol}^+} - \frac{1}{2}\mu_{H_2} + \mu_{e_{Pt}}}{F} \right)$$

$$= \left(\frac{\sum\limits_{j} \nu_i \mu_j}{2F} \right)_{Fe} - \left(\frac{\sum\limits_{j} \nu_i \mu_j}{F} \right)_{HCE}$$

根据规定：

$$\phi_{HCE} = \left(\frac{\mu_{H_{Sol}^+} - \dfrac{1}{2}\mu_{H_2} + \mu_{e_{Pt}}}{F} \right) = 0$$

因此：

$$(\phi_{Fe} - \phi_{HCE}) = E_e = \left(\frac{\sum\limits_j \nu_i \mu_j}{2F} \right)_{Fe} \tag{2-23}$$

此式与式（2-22）等价。将式（2-19）、式（2-20）中化学位表示方法代入式（2-23）得到：

$$E_{e(Fe/Fe^{2+})} = \frac{\mu_{Fe_{Sol}^{2+}} - \mu_{Fe_{Fe}}}{2F} + \frac{RT}{2F}\ln\alpha_{Fe^{2+}} \tag{2-24}$$

定义：

$$E^0_{e(Fe/Fe^{2+})} = \frac{\mu^0_{Fe_{Sol}^{2+}} - \mu^0_{Fe_{Fe}}}{2F} \tag{2-25}$$

为标准电位，于是式（2-24）可写成：

$$E_{e(Fe/Fe^{2+})} = E^0_{e(Fe/Fe^{2+})} + \frac{RT}{2F}\ln\alpha_{Fe^{2+}} \tag{2-26}$$

将式（2-26）扩展到一般的如式（2-16）所示的电极反应，那么对于任意以标氢电极作为参比电极的电极系统，其电极电位表示为：

$$E = \frac{\sum\limits_j \nu_j \mu_j}{nF} \tag{2-27}$$

注意：反应式中还原体一方的化学计量数为负；氧化体及电子化学计量数为正；固体物质活度系数 $\alpha=1$，其化学位就是标准化学位。据此，任一电极系统的电极电位可表示为：

$$E_e = E^0 + \frac{RT}{2F}\sum_j \nu_j\ln(\alpha_j) = E^0 + \frac{RT}{2F}\ln\left(\prod_j \alpha_j^{\nu_j}\right) \tag{2-28}$$

式（2-28）就是著名的 Nernst 方程[7]。

2.2 非平衡电位

2.2.1 过电位

由 2.1.2.1 节可知，对于一个化学反应，如果 $\sum\limits_j \nu_j \mu_j \neq 0$，则这一反应还没有达成平衡；如果 $\sum\limits_j \nu_j \mu_j < 0$，反应由左向右进行，称为顺向进行；反之

$\sum\limits_{j} \nu_j \mu_j > 0$，反应由右向左进行，称为逆向进行。因此，通过 $\sum\limits_{j} \nu_j \mu_j$ 可以判断反应进行的方向和能力。为方便起见，定义 $A = - \sum\limits_{j} \nu_j \mu_j$，称为化学反应亲和势，当 $A > 0$ 时为顺向反应；当 $A < 0$ 时为逆向反应。

对于电化学反应，也可以定义一个类似的电化学亲和势：

$$\bar{A} = - \sum_{j} \nu_j \bar{\mu}_j$$

它反映一个电极体系电极反应的方向和能力，将电化学位 $\bar{\mu}_{M^{n+}_p} = \mu_{M^{n+}_p} + nF\phi_P$ 引入上式得：

$$\sum_{j} \nu_j \bar{\mu}_j = \sum_{j} \nu_j \mu_j - nF(\phi_M - \phi_{Sol})$$

于是有：

$$\bar{A} = A + nF(\phi_M - \phi_{Sol})$$

引入电化学亲和势后，一个电极反应的平衡条件、反应进行的方向可表示为：$\bar{A} = 0$，电极反应处于平衡；$\bar{A} > 0$，顺向进行，阳极反应方向；$\bar{A} < 0$，逆向进行，阴极反应方向。

若以 $(\phi_M - \phi_{Sol})_e$ 表示平衡电极绝对电位，那么平衡时有：

$$\bar{A} = A + nF(\phi_M - \phi_{Sol})_e = 0 \tag{2-29}$$

当顺向反应时：

$$\bar{A} = A + nF(\phi_M - \phi_{Sol}) > 0$$

两者相减：

$$(\phi_M - \phi_{Sol}) - (\phi_M - \phi_{Sol})_e > 0$$

同理，对于逆向反应：

$$\bar{A} = A + nF(\phi_M - \phi_{Sol}) < 0$$

此式再与式（2-29）相减：

$$(\phi_M - \phi_{Sol}) - (\phi_M - \phi_{Sol})_e < 0$$

因此，反应未达到平衡时，电极系统的绝对电位 $(\phi_M - \phi_{Sol})$ 就会偏离平衡电位 $(\phi_M - \phi_{Sol})_e$，根据偏离程度，可以判断反应进行方向。于是定义：

$$\eta = (\phi_M - \phi_{Sol}) - (\phi_M - \phi_{Sol})_e$$

为反应偏离程度，称为过电位。由于参比电极不变，因此过电位又可表示为 $\eta = E - E_e$，这样可根据 η 判断反应进行的状态和方向：$\eta = 0$，即 $E = E_e$，电极反应处于平衡状态；$\eta > 0$，即 $E > E_e$，电极为阳极反应状态；$\eta < 0$，即 $E < E_e$，电极为阴极反应状态。

由于平衡反应条件下：

$$\overline{A} = A + nF(\phi_M - \phi_{Sol})_e = 0, \quad 即 A = -nF(\phi_M - \phi_{Sol})_e$$

因此：

$$\overline{A} = nF[(\phi_M - \phi_{Sol}) - (\phi_M - \phi_{Sol})_e] = nF\eta$$

从而有：

$$\eta = \frac{\overline{A}}{nF}$$

2.2.2 原电池

如图 2-4 所示，有两个电极系统，左面电极为 M_1，右面为 M_2，在互不连通情况下，有着各自的电极反应，假设均为单电子反应，并以标氢电极作参比电极。

$$M_1 \rightleftharpoons M_1^+ + e \tag{2-30}$$

$$M_2 \rightleftharpoons M_2^+ + e \tag{2-31}$$

当两个电极各自的电极反应处于平衡状态时，则根据式（2-22），各自的平衡电极电位为：

$$E_{e1} = \frac{\mu_{M_1^+} - \mu_{M_1}}{F} \tag{2-32}$$

$$E_{e2} = \frac{\mu_{M_2^+} - \mu_{M_2}}{F} \tag{2-33}$$

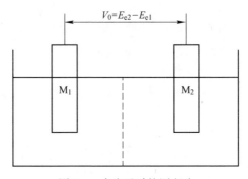

图 2-4 未连通时的原电池

设 $E_{e2} > E_{e1}$，此时两个电极的电势差为：

$$V_0 = E_{e2} - E_{e1} \tag{2-34}$$

如果在两个电极之间接上电机 G，如图 2-5 所示，此时电路接通，构成回路，由于电机两端电位不同，电流将从电位高的一端通过电机流向电位低的一端，方向如图中箭头所示。根据克希荷夫（Kirchhoff）定理，导体每一点流入的电流等于流出的电流，因此当外电路有电流从 M_2 流向 M_1 时，内电路必然有同样大小电流由 M_1 的表面流入溶液，再经溶液流入 M_2 的表面，如图 2-5 所示。

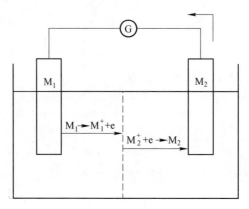

图 2-5　原电池使电机工作

既然有电流从 M_1 表面流向溶液，那么对这一电极来说，就是偏离了平衡，电极反应按阳极方向进行：

$$M_1 \longrightarrow M_1^+ + e \tag{2-35}$$

同理对于由 M_2 和溶液组成的电极系统来说，有电流从溶液进入 M_2 表面，就说明 M_2 电极反应也偏离了平衡，反应按阴极反应进行：

$$M_2^+ + e \longrightarrow M_2 \tag{2-36}$$

这样整个反应为：

$$M_1 + M_2^+ \longrightarrow M_1^+ + M_2 \tag{2-37}$$

因此在原电池内进行着的氧化–还原反应，产生的电能对外输出，驱动电机 G 运转而做功。值得一提的是，为了给电机提供源源不断的电流，溶液中必须有大量的 M_2^+，例如 Cu/Cu^{2+} 电极系统中，溶液为 $CuSO_4$。当然用其他的氧化剂 Y^+ 替代 M_2^+ 也可以，如果这样的话，式（2-31）、式（2-36）、式（2-37）中的 M_2^+ 应换成 Y^+。

虽然原电池能将化学能转变为电能，但不可能将电池中所有的化学能全部转变为电能，必定有一部分化学能耗散成为热能，这是因为原电池工作时，M_1 的阳极反应和 M_2 的阴极反应均是不可逆反应，因此电极电位处于非平衡电位，根据 2.2.1 节可知，非平衡电位相对于平衡电位而言有一个过电位，这样 M_1、M_2 的过电位分别为：

$$\eta_1 = E_1 - E_{e1} \tag{2-38}$$

$$\eta_2 = E_2 - E_{e2} \tag{2-39}$$

如果溶液电阻很小，电流从 M_1 表面经溶液流到 M_2 表面，因溶液电阻而消耗的欧姆电位降可忽略，那么电极两端电压为：

$$V = E_2 - E_1 = (E_{e2} - |\eta_2|) - (E_{e1} + \eta_1) = (E_{e2} - E_{e1}) - (\eta_1 + |\eta_2|)$$

$$(2\text{-}40)$$

而整个反应的化学亲和势为：

$$A = -\sum_j \nu_j \mu_j = \mu_{M_1^+} + \mu_{M_2} - \mu_{M_1} - \mu_{M_2^+} \qquad (2\text{-}41)$$

将式（2-32）、式（2-33）代入式（2-34）得到原电池电动势：

$$V_0 = \frac{\mu_{M_1^+} - \mu_{M_1}}{F} - \frac{\mu_{M_2^+} - \mu_{M_2}}{F}$$

上式和式（2-41）合并考虑，得到 V_0 的另一种表达式：

$$V_0 = \frac{A}{F} = \frac{-\sum_j \nu_j \mu_j}{F} \qquad (2\text{-}42)$$

以上反应是单电子，如果有 n 个电子，则上式变为：

$$V_0 = \frac{A}{nF} = \frac{-\sum_j \nu_j \mu_j}{nF} \qquad (2\text{-}43)$$

由此可见，电池电压大小取决于化学亲和势，所以电池工作驱动力源于氧化-还原反应的化学亲和势。如果电池输出电功时，电流非常小，小到两个电极上的电极反应仍保持为平衡状态，即电极电位仍为平衡电位 E_{e1}、E_{e2}，在这种情况下，整个过程可逆，电机两端电压为式（2-42），此时原电池每输出 1F 的电量，所做的功为：

$$W_0 = V_0 F = \frac{A}{n}$$

但实际上，为了使电机工作，必须有相当大的电流通过电机，这样两个电极系统的反应以不可逆过程进行，此时原电池端电压不能保持为 V_0，而是降为式（2-40）中的 V，这时原电池每输出 1F 的电量，所做的功为：

$$W = VF = [V_0 - (\eta_1 + |\eta_2|)]F = W_0 - (\eta_1 + |\eta_2|)F \qquad (2\text{-}44)$$

因此原电池以可以测量的速度输出电流时，原电池中的氧化-还原反应产生的化学能不能全部转变为电能，只能输出 W 而不是 W_0，W_0 称为最大有用功，W 称为实际有用功，另外一部分能量，即电极反应过电位绝对值之和与法拉第电量乘积成为不可利用的热能散失掉了。实际上，如果还考虑溶液电阻 R_{Sol} 的话，设溶液中电流为 I，则原电池输出电压为：

$$V = V_0 - (\eta_1 + |\eta_2| + R_{Sol}I)$$

此时，输出的实际有用功为：

$$W = [V_0 - (\eta_1 + |\eta_2| + R_{Sol}I)]F$$

此式中的过电位 η_1 和 $|\eta_2|$ 的数值、欧姆电位降 $R_{Sol}I$ 的数值，都是随着电极反

应速度（电流密度）的增大而增大，所以过程偏离平衡状态越远（η、I 绝对值越大），从化学能中能够得到的有用功越小，以热能形式消耗的能量就越大。

2.2.3   腐蚀电池

如果将图 2-5 中的电机拆除，而用导线将两电极连接的话，由于导线电阻可视为 0，因此原电池将成为短路电池，外电压为零，因此对外做功为零，释放的化学能全部以热能形式消耗。当电池处于这种工作状态时，由于导线电阻很小，因此电流很大，电极反应偏离平衡达到最大程度，此时整个体系的反应仍为式（2-37），此时阳极反应速度达到最大，M_1 以极快的速度溶解，M_1 金属材料不断遭受破坏，整个反应没有向外界提供有用功，这样的电池称为腐蚀电池。

前面已经指出，原电池的驱动力来源于其中进行的氧化-还原反应的化学亲和势，而腐蚀电池是原电池的特殊情况，自然腐蚀反应的驱动力也来源于原电池反应的化学亲和势，因此化学亲和势仍可用式（2-41）表示。

由式（2-41）可见，亲和势存在的关键是溶液中存在大量的、源源不断的氧化剂 M_2^+。如果溶液中不存在 M_2^+，则就不能构成原电池，除非溶液中存在可以替代 M_2^+ 的另一种氧化剂 Y^+。所以整个腐蚀反应的化学亲和势与电极 M_2 材料无关，只要溶液中存在氧化剂 Y^+（此处氧化剂恰为 M_2 的离子 M_2^+，但并不意味着亲和势与 M_2 有关，换成其他材料，亲和势不变），腐蚀反应就会发生；如果没有氧化剂，则即使 M_1 与 M_2 连接，M_1 也不会腐蚀。

2.2.4   混合电位

以上讨论的电极，上面只进行一个电极反应（包括正、反两个反应）。如果一个电极表面进行两个电极反应，将会发生什么样的情形呢？为此我们将图 2-4 中的 M_2 换成 M_1，并假设溶液中存在氧化剂 Y^+，以代替原来的 M_2^+，然后用导线将两者相连，其电化学反应如图 2-6 所示。

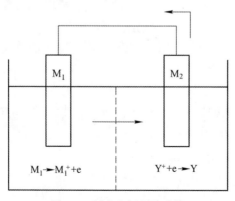

图 2-6   两个电极短路连接

虽然 M_2 被换成 M_1，但根据上一节的讨论，由于溶液中存在氧化剂 Y^+，因此腐蚀反应仍然发生，M_1 仍被腐蚀。实际上，图 2-6 可以等效成图 2-7，成为一块金属 M_1，上面同时进行阳极反应和阴极反应。

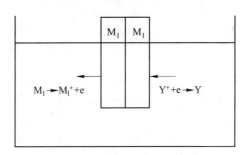

图 2-7　同种材料电极短路连接

这种在一块电极上同时进行的阳极反应和阴极反应称为耦合反应，这种反应和电极的平衡反应不同，当溶液中不存在 Y^+ 这种氧化剂时，一块电极上虽然也同时进行阳极和阴极反应，但是为可逆反应，而当溶液中存在氧化剂 Y^+ 时，则电极上发生的耦合反应不是可逆反应。

由于两个电极通过导线连接，因此两者电位相等，设这个电位为 E，则根据式（2-38）和式（2-39），阳极反应和阴极反应的非平衡电位分别为：

$$E_1 = E = (E_{e1} + \eta_1)$$
$$E_2 = E = (E_{e2} - |\eta_2|)$$

由于 $\eta_1 > 0$，$\eta_2 < 0$，因此 $E_{e1} < E < E_{e2}$。

这一对相互耦合的电极反应都在非平衡位 E 下进行，因此 E 既是阳极反应的非平衡电位，也是阴极反应的非平衡电位，故称 E 为一对耦合反应的混合电位或腐蚀电位（E_{corr}）[8]。

这里需要注意的是，E_{e2} 是阴极反应的平衡电位，它高于阳极反应的平衡电位 E_{e1}。由此可见，即使溶液中只有一块电极，只要溶液中存在可以使该金属氧化成离子的物质 Y^+，并且该物质还原反应的平衡电位（E_{e2}）高于该金属氧化反应的平衡电位（E_{e1}），那么该电极就会发生腐蚀，这种物质在腐蚀领域有一个习惯名称，叫去极化剂，这种电极称为腐蚀金属电极。

2.3　多电极反应耦合系统

以上讨论的是一个腐蚀金属电极情况，如果溶液具两个或两个以上此类电极，情形又会怎样呢？

2.3.1　接触腐蚀

如图 2-8 所示，将不同的金属 M_1、M_2 浸在含有去极化剂 Y^+ 的电解质溶液中。当两者尚未用导线连接，M_1 是一个孤立电极时，在 M_1 上依然发生图 2-7 中的反应，它的电极电位就是腐蚀电位，设为 E_{corr1}。假设 $E_{e(M_1/M_1^+)} < E_{e(Y/Y^+)}$，按 2.2.3 节的讨论可知：

$$E_{e(M_1/M_1^+)} < E_{corr1} < E_{e(Y/Y^+)}$$

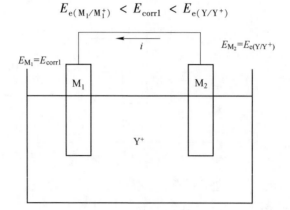

图 2-8　接触腐蚀

与此同时，假设金属 M_2 上的阳极溶解平衡电位比去极化剂 Y^+ 的还原反应平衡电位高，因此 M_2 上只进行一个反应：

$$Y \rightleftharpoons Y^+ + e$$

当 M_1 和 M_2 相连组成原电池时，由于 $E_{corr1} = E_{e(Y/Y^+)} - |\eta_{Y/Y^+}| < E_{e(Y/Y^+)}$，故当这个原电池外电路接通后，外部线路应有电流从 M_2 流向 M_1，即本来外电流为零的 M_1，出现了外加阳极电流，这时金属 M_1 除了本身产生图 2-7 所示的耦合反应而产生腐蚀外，还由于同金属 M_2 连接构成短路电池而产生阳极溶解（图 2-8 中的电流 i）。因此一个可以进行腐蚀过程的电极 M_1，一旦同电极电位较高的金属 M_2 接触，M_1 的腐蚀破坏速度更大，我们把这种腐蚀称为接触腐蚀或电偶腐蚀[9]。

2.3.2　腐蚀原电池

现在我们看一下，两块腐蚀金属电极（其离子价分别为 $n+$ 和 $m+$）接触后会发生什么。当 M_1、M_2 都是孤立电极时，它们的电位分别是腐蚀电位：

$$E_{corr1} = E_{e(M_1/M_1^{n+})} + \eta_{M_1/M_1^{n+}} \tag{2-45}$$

$$E_{corr2} = E_{e(M_2/M_2^{m+})} + \eta_{M_2/M_2^{m+}} \tag{2-46}$$

式中　　$\eta_{M_2/M_2^{m+}}$，$\eta_{M_1/M_1^{n+}}$——分别为 M_1、M_2 单独存在时，腐蚀过程的阳极溶解反应过电位。

用电阻视为零的导线将 M_1、M_2 相连，若溶液中欧姆电位降可忽略，则两个电极电位将变为一样，这情形就相当于将两块金属 M_1、M_2 相互接触而成为一块新的电极材料一样，这种由于不同金属相组成的电极叫做复相金属电极。如果

M$_1$、M$_2$ 单独存在时的腐蚀电位如式（2-45）、式（2-46）表示的话，设 E_{corr1} < E_{corr2}，则接触后 M$_1$ 阳极溶解电流密度比起单独存在时增大。由于过电位随电流密度的增大而增大，因此根据式（2-45），M$_1$ 的电位要从 E_{corr1} 往高电位移动；M$_2$ 作为短路电池的阴极，阴极反应电流密度要比其单独存在时增大，因此根据式（2-46），M$_2$ 电位将向低的方向移动。倘使由两个金属组成的复相电极电位为 E，则 M$_1$ 与 M$_2$ 接触前后电位变化值为：

$$\Delta E_{M_1} = E - E_{corr1} > 0$$

$$\Delta E_{M_2} = E - E_{corr2} < 0$$

一个电极在有外电流时，电极电位与没有外电流时电极电位之差叫做极化。如外加电流为阳极电流，则称为阳极极化；外加电流为阴极电流，则称为阴极极化。上面的 ΔE_{M_1} 是阳极极化，ΔE_{M_2} 是阴极极化。

从以上分析看到，如果 E_{corr1} < E_{corr2}，则在这两种金属接触后，M$_1$ 阳极溶解反应的过电位增大，这表明，接触使 M$_1$ 阳极溶解速度增大；与此相反，接触后，M$_2$ 阳极反应过电位将减小，这表明 M$_2$ 腐蚀速度减小。一个金属构件同另一种电极电位低的材料接触后，腐蚀速度降低的效应，叫做阴极保护效应。这为金属防腐提供了一条思路，以后将看到，牺牲阳极保护方法和外加电流保护方法都是基于这一原理[10]。

2.4 溶液扩散过程引起的过电位

电极反应进行过程中，如果反应物是溶液的某一组分，那么随着它在电极反应过程中的不断消耗，它就必须不断从溶液深处传输到电极表面的溶液层中，才能保证电极反应不断进行下去。同样，电极反应产物也要不断通过传质过程离开电极表面。总之，伴随电极反应的进行，在溶液中不免有传质过程伴随进行。溶液传质过程可以依靠三种过程进行：扩散、电迁移和对流。本节主要讨论扩散过程。

假设某组分 j 在溶液浓度 c_j 中不是均匀分布的，而是空间位置的函数 $c_j(x, y)$，那么根据化学位与物质浓度的关系有：

$$\mu_j(x,y) = \mu_j^0(x,y) + RT\ln c_j(x,y) \tag{2-47}$$

因此 μ_j 也是空间函数，此时如没有别的动力，物质 j 自发地从 μ_j 高的区域向 μ_j 低的区域传输，直到其化学位处处相等。

扩散是一个比较重要的过程，这个过程对电极反应有影响，为简单起见，我们讨论一维定常扩散过程，即各处浓度不随时间改变的扩散过程。如图 2-9 所示，物质 j 的浓度在 x 方向有变化，对于每一个 x，在 y、z 方向的浓度分布是均匀的，这些浓度相等的点构成等浓度面，扩散过程就是物质 j 沿着 x 轴，闯过无数个等浓度面的过程。

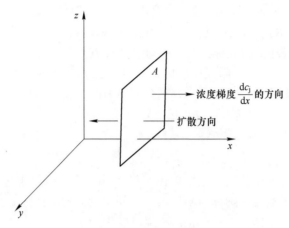

图 2-9　扩散过程示意图

根据物质扩散定律，物质扩散方向与浓度梯度方向相反，如果在 x 处有个等浓度面 A，该处浓度梯度为 $\left(\dfrac{dc_j}{dt}\right)_{x=x_0}$，如果单位时间通过单位面积 A 扩散的物质 j 的物质的量，即扩散速度是 $\dfrac{dm_j}{dt}$，那么根据菲克第一定律[11]，两者存在如下关系：

$$\frac{dm_j}{dt} = -D_j \frac{dc_j}{dx} \tag{2-48}$$

式中　D_j——物质 j 的扩散系数。

当扩散速度的单位为 $mol/(cm^2 \cdot s)$，而浓度梯度的单位是 $mol/(cm^3 \cdot cm)$ 时，扩散系数的单位是 cm^2/s；式（2-48）中负号表示扩散方向与浓度梯度方向相反。

在定常条件下，扩散途径上每一点扩散速度都相等，即沿 x 方向，各截面在各瞬间从右方扩散进截面的物质的量，与从截面向左方扩散出去的量相等。

由于在金属腐蚀过程中，往往是去极化剂的阴极反应涉及扩散问题，所以我们只讨论阴极反应过程的扩散问题。当溶液中某一物质在电极表面被阴极还原时，紧靠电极表面溶液层中的这一物质的浓度，由于电极反应消耗，低于其在溶液整体中的浓度，于是这一物质就不断从溶液深处向电极表面扩散，以补充消耗。如果溶液体积相当大，电极反应引起的这一物质在溶液整体中的浓度变化很小，就可以近似认为这一物质浓度在溶液深处不变，另外，由于搅拌或自然对流作用，还可以认为溶液深处浓度是均匀的。

但靠近金属电极表面有一个厚度为 l 的滞留层，其厚度与搅拌情况有关，搅拌越强烈，l 数值越小，室温下，在没有搅拌而只有对流的情况下，l 的值约为

10^{-2} cm。

如图 2-10 所示，我们用 c_b 表示这一被阴极还原的物质在溶液深处的浓度，用 c_s 表示在电极表面的浓度，则在定常情况下，滞留层浓度梯度为：

$$\frac{dc}{dx} = \frac{c_b - c_s}{l} \qquad (2\text{-}49)$$

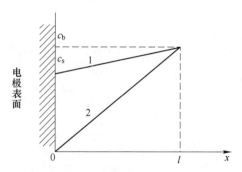

图 2-10　定常稳态扩散浓度分布

由于处于定常状态，该物质从溶液深处，通过滞留层扩散到电极表面的扩散速度应该等于它在电极表面的阴极还原速度，如果用 $|I|$ 表示阴极还原反应的电流密度绝对值，则由于相应于 1mol 的物质被还原的电量为 nF，故：

$$\frac{dm_j}{dt} = -\frac{|I|}{nF} \qquad (2\text{-}50)$$

式中负号是因为阴极电流方向取负值。

将式（2-48）和式（2-49）代入式（2-50）得：

$$|I| = nFD\frac{c_b - c_s}{l} \qquad (2\text{-}51)$$

如果阴极反应电流密度绝对值增大，为保持常态，扩散速度必须相应增大，在 c_b 和 l 不变的情况下，只有降低 c_s 才能使滞留层中浓度梯度增大，扩散速度才会增大。当 $c_s = 0$ 时，扩散速度达到最大值，这就意味着被还原物质一经扩散到表面就立刻被阴极还原掉，此时的电流密度称为极限阴极扩散电流密度，以 I_L 表示，则式（2-51）变为：

$$I_L = nF\frac{c_b}{l} \qquad (2\text{-}52)$$

现在我们考虑两种电极反应过程情况：

（1）电极反应交换电流密度很大，即使有外测阴极电流，仍可近似认为电极反应处于平衡状态，因而电极电位是对于被还原物质在紧靠电极表面处浓度 c_s 的可逆电位。在没有外测电流时，电极电位是平衡电位，被还原物质在电极表面附近浓度与其在溶液深处浓度相等，按 Nernst 方程，此时电极电位为：

$$E_1 = E^0 + \frac{RT}{nF}\ln c_b$$

在外测阴极电流是 $|I|$ 时，电极表面附近被还原的物质浓度为 c_s，在电极电位对浓度 c 可逆的情况下，电极电位为：

$$E_2 = E^0 + \frac{RT}{nF}\ln c_s$$

这一阴极反应的扩散过电位为：

$$\eta_D = E_2 - E_1 = \frac{RT}{nF}\ln\left(\frac{c_s}{c_b}\right)$$

这一过电位又称为浓差极化。这里需要注意 $\left(\dfrac{c_s}{c_b}\right) < 1$，因此 $\eta_D < 0$。

由式（2-51）可求得 $\dfrac{c_s}{c_b} = 1 - \dfrac{|I|}{I_L}$，在这种情况下，过电位为：

$$\eta_D = \frac{RT}{nF}\ln\left(1 - \frac{|I|}{I_L}\right)$$

电极反应动力写成[12]：

$$|I| = I_L\left[1 - \exp\left(-\frac{RT}{nF}\,|\eta_D|\right)\right]$$

目前讨论的情况是整个阴极反应过程中，放电步骤很容易进行，引起的化学过电位可忽略不计，而扩散过程是整个反应的速度控制步骤，它所引起的过电位就是整个电极反应的过电位。

（2）电极反应是不可逆进行的，即荷电粒子穿越放电层过程并不很容易进行。交换电流密度很小，在电极系统外测电流密度绝对值为 $|I|$ 时，阴极还原反应逆过程的速度小到可以忽略不计，在这种情况下，如果放电过程是整个电极反应过程唯一的控制步骤，扩散过程对整个电极反应过程的速度没有什么影响，亦即如果反应物质到达电极表面速度与电极反应速度相比快得多，以至于反应物质在紧靠电极表面溶液层中浓度 c_s 同它在溶液深处的浓度 c_b 没什么差别，则在电极反应的逆过程可以忽略的情况下，阴极还原电流密度绝对值 $|I|$ 与过电位 η 的关系为：

$$|I| = I_0\exp\left[-\frac{(1-\alpha)nF}{RT}\eta\right] = I_0\exp\left(-\frac{\eta}{\beta_c}\right) \tag{2-53}$$

式中　β_c——阴极还原反应的自然对数塔菲尔斜率，$\beta_c = \dfrac{RT}{(1-\alpha)nF}$；

　　　　I_0——交换电流密度。

如果扩散过程也是影响整个电极反应过程的控制步骤之一，在定常条件下，靠近电极表面溶液层中反应物浓度由 c_b 降为 c_s，则此时阴极还原反应电流密度绝对值就应为：

$$|I| = I_0 \frac{c_s}{c_b} \exp\left(-\frac{\eta}{\beta_c}\right)$$

将 $\frac{c_s}{c_b} = 1 - \frac{|I|}{I_L}$ 代入上式得：

$$|I| = I_0\left(1 - \frac{|I|}{I_L}\right)\exp\left(-\frac{\eta}{\beta_c}\right)$$

整理后：

$$|I| = \frac{I_0\exp\left(-\dfrac{\eta}{\beta_c}\right)}{1 + \dfrac{I_0}{I_L}\exp\left(-\dfrac{\eta}{\beta_c}\right)}$$

即[13]：

$$\eta = -|\eta| = \beta_c\ln\left(1 - \frac{|I|}{I_L}\right) - \beta_c\ln\frac{|I|}{I_0}$$

总结起来可以看到，电极反应可逆与不可逆情况下结果是不同的。在金属腐蚀过程中，O_2 是一种重要的去极化剂，在 O_2 的阴极还原反应中，扩散过程常常是速度控制的关键步骤。

2.5 阴极保护技术

在 2.3.2 节中，我们讨论腐蚀原电池时已经知道，将两块腐蚀电位不同的金属，在电解液中用导线连接，则腐蚀电位低的金属被加速腐蚀，而腐蚀电位相对高的金属不发生腐蚀。这就启发我们，能否把这一现象应用到防腐当中去。在第 1 章我们曾讨论过各种防腐措施，其中提到了阴极保护技术，实际上，上述现象就是腐蚀防护中阴极保护技术中的牺牲阳极方法。

阴极保护技术自 1824 年由英国化学家 Davy 首次应用以来[14]，已经有近 200 年的历史，其原理就是向被保护金属通以直流电流，使被保护金属发生阴极极化，从而得到保护[15]。根据所通电流来源不同，又分为牺牲阳极和外加电流两种方法。前者如 2.3.2 节中讨论那样，是将一种电位更负的金属或合金与船体相连，通过阳极材料的自身消耗提供电流，而后者是通过外部直流电源来提供保护所需电流[16]。下面我们简单讨论一下这两种方法的原理。

2.5.1 牺牲阳极保护技术

图 2-11 为牺牲阳极保护原理简图。被保护构件和牺牲阳极（sacrificial

anode，以下简称 SA）分别沉浸在海水里，海水是一种电解质溶液，其中存在氧这种去极化剂，根据前面电化学知识可知，在构件和 SA 用导线连接起来之前，各自存在自腐蚀电化学反应：

SA：

$$M \longrightarrow M^{2+} + 2e \tag{2-54}$$

$$O_2 + 2H_2O + 4e \longrightarrow 4OH^- \tag{2-55}$$

构件：

$$Fe \longrightarrow Fe^{2+} + 2e \tag{2-56}$$

$$O_2 + 2H_2O + 4e \longrightarrow 4OH^- \tag{2-57}$$

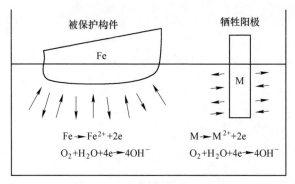

图 2-11　尚未连接时的腐蚀情况

这里假设金属 SA 的离子为 2 价，并假设其腐蚀电位低于构件腐蚀电位（实际上，这是牺牲阳极方法中必须满足的条件）。

此时，由于导线未连，构件尚未得到保护。当用导线将构件与 SA 连接后，由于 SA 电位低于构件，于是 SA 中的电子向构件流动，如图 2-12 所示。与此同时，海水中也产生离子电流 I，从而构成回路。电子由 SA 流向构件后，SA 和构件分别发生了极化。SA 上发生的是阳极极化，有净电流产生（与流出的电子反向），由于电子的"流失"，电极反应式（2-55）被抑制，而只存在电极反应式

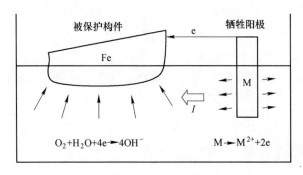

图 2-12　牺牲阳极保护原理

（2-54）；构件上产生的是阴极极化，因为有 SA 提供的电子，因此不需要自身溶解以提供电子，即反应式（2-56）被抑制了，只存在反应式（2-57），于是总反应变为：

$$M \longrightarrow M^{2+} + 2e \tag{2-58}$$

$$O_2 + 2H_2O + 4e \longrightarrow 4OH^- \tag{2-59}$$

结果就是，SA 不断溶解，构件被保护。需要说明的是，实际工程上是将 SA 直接嵌入构件中，省却了导线。

2.5.2　外加电流阴极保护技术

外加电流阴极保护技术的原理与牺牲阳极类似，只是供电方式发生了改变。如图 2-13 所示，由原先的 SA 供电，改为外加电源供电，并且 SA 也换成了不发生电化学反应的惰性电极，在这里称为辅助电极。

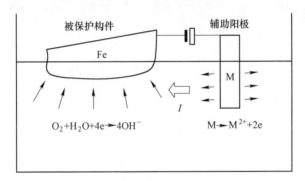

图 2-13　外加电流阴极保护原理

正如第 1 章中所述，大多数情况下，阴极保护是和防腐涂层联合使用的。以上两种方法，虽然都可以发挥保护的功能，但实际应用表明，由于涂层自身的缺陷和施工中存在的缺陷，再加上牺牲阳极本身的缺陷，采用牺牲阳极和涂层保护相结合的方法，防腐效果并不理想，因此，国外 20 世纪 50 年代就开始试验使用外加电流阴极保护方法。

参 考 文 献

[1] 卡恩 R W. 物理金属学 [M]. 北京钢铁学院金属物理教研室译. 北京：科学出版社，1984.

[2] 傅献彩，沈文霞，姚天扬. 物理化学 [M]. 4 版. 北京：高等教育出版社，1990.

[3] 曹楚南. 腐蚀电化学原理 [M]. 2 版. 北京：化学工业出版社，2004.

[4] 曹楚南. 腐蚀电化学原理 [M]. 3 版. 北京：化学工业出版社，2008.

[5] 高荣杰，杜敏. 海洋腐蚀与防护技术 [M]. 北京：化学工业出版社，2011.

[6] 查全性. 电极过程动力学导论 [M]. 3 版. 北京：科学出版社，2002.

[7] 徐艳辉，耿海龙．电极过程动力学：基础、技术与应用 [M]．北京：化学工业出版社，2015.

[8] 刘永辉，张佩芬．金属腐蚀学原理 [M]．北京：航空工业出版社，1993.

[9] 王保成．材料腐蚀与防护 [M]．北京：北京大学出版社，2012.

[10] 刘秀晨，安成强．金属腐蚀学 [M]．北京：国防工业出版社，2002.

[11] 赵品，谢辅洲，孙文山．材料科学基础 [M]．哈尔滨：哈尔滨工业大学出版社，1999.

[12] 王凤平，康万利，敬和民，等．腐蚀电化学原理、方法及应用 [M]．北京：化学工业出版社，2008.

[13] 李荻．电化学原理 [M]．北京：北京航空航天大学出版社，2003.

[14] 菅恒康，赵俊，张文喆，等．船舶防腐蚀阴极保护法系统稳定性设计 [J]．环境研究与监测，2002 (3)：45-48.

[15] 王永宁，平琦，龚涛．船舶电化学腐蚀的分析与控制 [J]．船海工程，2007，36 (3)：87-89.

[16] 陈秀新．钢质海船的腐蚀与阴极保护 [J]．广西大学学报，2007，29 (2)：250-251.

3　有限元基础理论

3.1　有限元基本思想

　　有限元思想博大精深，涉及高等数学和变分法等基础知识，要想用几句话讲清楚是不可能的，为了给对有限元了解不多或根本不了解的读者一个初步的认识，这里举一个求一维函数近似解的例子，向大家初步介绍有限元的基本思想。当然，这个例子还不是真正的有限元方法，不过，通过它读者可以对有限元基本思想有一个直观、初步的了解，为以后学习真正的有限元方法作准备。

　　有限元一词的关键部分是"有限"两字，它的内涵是什么？应该怎样理解呢？有限是和无限相对应的，所谓无限，从数学角度讲，就是无限个点、无限个自由度或无限个函数值的意思。我们举一个简单的例子加以解释。

　　如图 3-1a 所示，设 $f(x)$ 为一个定义于区间 $[a,b]$ 上的函数，x 为区间内任意一点，$f(x)$ 为其函数值，由于区间内这样的点有无限个，因此函数值也有无限个。现假设我们不知道 $f(x)$ 的解析式，而需要通过某种方法求出来，那么该如何求出呢？

　　可以采取近似的方法，将区间 $[a,b]$ 分割成许多更小的区间，如图 3-1b 所示，各区间长度可以相同，也可以不同，为方便起见，我们采取等区间分割。假设分割点 x_i 的函数值为 $f(x_i)$ 且已知（可以通过测量或其他方法得到），而分割点之间点的函数值未知，这样我们可以通过这些离散点求得 $f(x)$ 的近似解。具体作法是（见图 3-2），取任一区间 $[x_i,x_{i+1}]$，其端点的函数值为 $f(x_i)$、$f(x_{i+1})$，两个点的坐标可以确定一条直线，因此区间 $[x_i,x_{i+1}]$ 线段方程为：

$$f(x) = \frac{(f_{i+1} - f_i)}{(x_{i+1} - x_i)}(x - x_i) + f_i \quad x \in [x_i, x_{i+1}] \tag{3-1}$$

式（3-1）还可以写成如下等价形式：

$$f(x) = \frac{x_{i+1} - x}{x_{i+1} - x_i}f_i + \frac{x - x_i}{x_{i+1} - x_i}f_{i+1} = N_i(x)f_i + N_{i+1}(x)f_{i+1} \tag{3-2}$$

式中　　$N_i(x), N_{i+1}(x)$ ——分别为 i、j 两点的权函数或形函数。

　　其他的线段也如此处理，得到类似的直线方程，所有的线段方程汇集起来，就得到整个折线方程，即 $f(x)$ 的近似解。当取更多离散点时，折线变得越短越密集，如图 3-3 所示，这样就更接近于真实的连续曲线，尤其当离散点数目为无

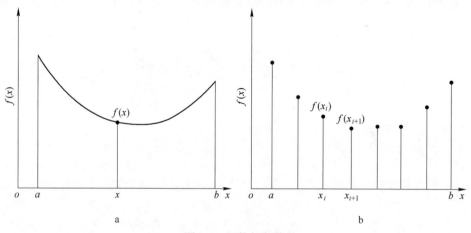

图 3-1　函数与离散点

a—连续函数；b—离散函数

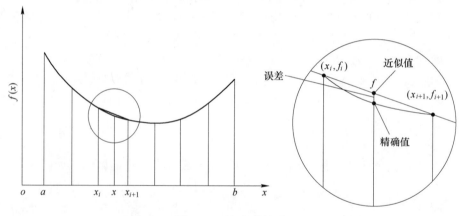

图 3-2　近似解的构造

穷多时，真实解可以用近似解替代，并且其精度可以控制。

　　由此可见，通过有限个离散点（这些离散点的函数值是准确的）可以构造函数的近似解，当然近似解和真实解存在误差，但是这种误差会随着离散点的增多而变得越来越小。

　　通过此例，我们对有限元思想有了初步了解，虽然这个例子并不是真正的有限元方法，和真正的有限元相差很远，但它初步揭示了有限元的核心思想，就是把复杂问题"化整为零"，然后再"化零为整"。在整个定义域上 $f(x)$ 是个复杂曲线，确定它比较困难，但当把定义域分割成许多小区间后，每个小区间内 $f(x)$ 的曲率就不那么大了（如果还弯曲厉害，就把区间继续缩小），此时 $f(x)$ 在这一区间段内可近似看成直线，而直线方程是很容易确定的，这就是"化整为零"的含义。得到每个区间内线段的方程后，再把它们汇集起来就得到整个函数的近似解，这就是所谓的"化零为整"。当然，真正的有限元法的"化零为整"是指单元刚度矩阵叠加为整体刚度矩阵，并最终形成关于场变量的整体方程组，这将在以后真正有限元方法中具体介绍。上述问题可以拓展到二维和三维。

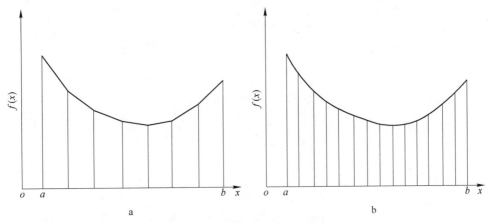

图 3-3　不同个数离散点下的近似解

a—近似解之一；b—近似解之二

3.2　腐蚀与防护数学模型

在讲解有限元方法之前，先介绍一下 2.5 节中介绍的牺牲阳极和外加电流两种方法的数学模型，因为这一章的有限元理论，是以这一模型为例子展开讲解的。

3.2.1　牺牲阳极保护法的数学模型

图 3-4 为牺牲阳极保护方法示意图。假设金属 I 是被保护构件，金属 II 是牺牲阳极。阳极和阴极通过导线连接后构成腐蚀原电池，金属 II 向金属 I 提供电子，以使被保护构件 I 产生阴极极化，表面电位发生变化，当达到保护电位后，表面就得到了保护。但是表面是否达到了保护电位，这需要实际测量来确定。当构件几何尺寸较小、形状简单时，测量不成问题，但当几何尺寸巨大、形状复杂时，测量就变得十分困难，有时甚至无法测量。此时采取计算机模拟，通过一定的计算方法得到表面电位分布，就显得尤其重要。而进行计算模拟的第一步就是建立这一现象的数学模型。

为此我们以电解液作为研究对象，将它单独提取出来，如图 3-5 所示。除去了阳极与阴极后的电解液区域，被边界包围着，这些边界分为几种情况：牺牲阳极和被保护构件与电解液接触时形成接触边界：Γ_{anode} 和 $\Gamma_{cathode}$。在这些边界上，电势与电流密度存在一定的关系，这可由极化曲线确定。除了这些边界外，其他边界，即图 3-5 中的细线所描绘的边界 Γ_{ins}，处于绝缘状态。

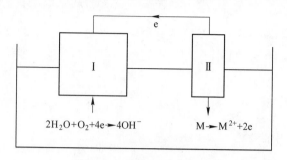

图 3-4　牺牲阳极保护原理

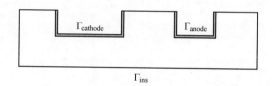

图 3-5　牺牲阳极方法模型的边界条件

当电解液中电流流动处于稳态时，问题等同于静电场，我们可以应用静电场理论，对这一区域建立控制方程，然后求解这个方程，就得到区域及边界上的电位分布，从而判断构件表面（即此处的 Γ_{cathode}）保护电位是否分布均匀，何处欠保护，何处过保护，并据此调整保护方案。

电解质是整个导电回路的一部分，当形成稳定的电流流动时，电解质区域等同于静电场，其中电势分布由 Maxwell 方程确定[1]：

$$\begin{cases} \nabla \times \boldsymbol{E} = -\dfrac{\partial \boldsymbol{B}}{\partial t} \\ \nabla \cdot \boldsymbol{D} = \rho \end{cases} \tag{3-3}$$

式中　$\boldsymbol{B}$——磁通密度矢量，Wb/m^2；

　　　$\boldsymbol{D}$——电位移矢量，C/m^2；

　　　ρ——自由电荷面密度，C/m^2。

除此之外，各物理量受物质结构特性制约，还存在着本构关系[2]：

$$\begin{cases} \boldsymbol{D} = \varepsilon \boldsymbol{E} \\ \boldsymbol{J} = \sigma \boldsymbol{E} \end{cases} \tag{3-4}$$

式中　$\boldsymbol{E}$——电场强度矢量，V/m；

　　　σ——电解液电导率，S/m；

　　　ε——电解液介电常数，F/m。

由于我们这里只讨论静态情况，且不涉及磁场，因此有：

$$\frac{\partial \boldsymbol{B}}{\partial t} = 0$$

于是式（3-3）中第一个公式变为：

$$\nabla \times E = 0 \tag{3-5}$$

即静电场场强的旋度为零，可以把它表示成某个量的梯度[3]，这个量就是电势：

$$\nabla \times E = 0 \Longrightarrow E = -\operatorname{grad}(\varphi)$$

二维情况下：

$$E = -\operatorname{grad}(\varphi) = -\frac{\partial \varphi}{\partial x}i - \frac{\partial \varphi}{\partial y}j \tag{3-6}$$

然后将式（3-4）中的 $D = \varepsilon E$ 代入式（3-3）中第二个方程 $\nabla \cdot D = \rho$ 得到：

$$\frac{\partial^2 \varphi}{\partial x^2} + \frac{\partial^2 \varphi}{\partial y^2} + \frac{\rho}{\varepsilon} = 0 \tag{3-7}$$

这就是静电场电势所满足的 Possion 方程，ρ 为区域内的电荷密度，在这里 $\rho = 0$，于是上式就变成 Laplace 方程：

$$\frac{\partial^2 \varphi}{\partial x^2} + \frac{\partial^2 \varphi}{\partial y^2} = 0 \tag{3-8}$$

这就是牺牲阳极保护时，电解质区域的控制方程，φ 是整个区域（包括边界）的电势分布。

在对上式求解之前，还需要加上边界条件，否则无解。在边界 Γ_{anode}、$\Gamma_{cathode}$ 和 Γ_{ins} 上边界条件如下：

$$\begin{cases} J_a = f_a(\varphi) & \Gamma \in \Gamma_{anode} \\ J_c = f_c(\varphi) & \Gamma \in \Gamma_{cathode} \\ J_{ins} = 0 & \Gamma \in \Gamma_{ins} \end{cases} \tag{3-9}$$

式中　$f_a(\varphi)$，$f_c(\varphi)$——分别为牺牲阳极和阴极（即构件）与电解液交界上电流密度与电势的关系函数，即所谓的极化曲线，可通过实验测出。

根据式（3-4）和式（3-6）可得到边界上电流密度与电势的关系：$J = -\sigma\frac{\partial \varphi}{\partial n}$，代入式（3-9），边界条件最终变为：

$$\begin{cases} \dfrac{\partial \varphi}{\partial n} = -\dfrac{f_a(\varphi)}{\sigma} & \Gamma \in \Gamma_{anode} \\ \dfrac{\partial \varphi}{\partial n} = -\dfrac{f_c(\varphi)}{\sigma} & \Gamma \in \Gamma_{cathode} \\ \dfrac{\partial \varphi}{\partial n} = 0 & \Gamma \in \Gamma_{ins} \end{cases} \tag{3-10}$$

根据上述边界条件求解式（3-8），理论上可得到电解质区域的电势分布，自然也得到了被保护构件表面（即图 3-5 中的 $\Gamma_{cathode}$）的电势分布，根据分布可以判断表面哪些部位存在欠保护，哪些部位存在过保护。本例中牺牲阳极和被保护构件几何形状比较简单，尺寸也不大，有可能求出电位分布的解析解，但实际应用中，构件形状往往很复杂、尺寸很大，尤其船体、螺旋桨等海洋构件，很难通过式（3-8）和式（3-10）得到解析解，为此必须采用数值解法。常用的数值解法有有限差分法、有限元法和边界元法，本章重点讨论有限元法。

3.2.2　外加电流阴极保护数学模型

外加电流是另一种防护方法，它与牺牲阳极方法没有本质差别，它是将图3-4中的牺牲阳极，用惰性电极（比如铂）代替，然后外加电源向被保护构件提供极化电流，外加电源可能是恒压源或恒流源，而惰性电极本身不参加电化学反应，其原理简图如图3-6所示。该方法的数学模型同上节基本一样，只是边界条件略作改变。如图3-7所示，区域内的控制方程同牺牲阳极一样为：

$$\frac{\partial^2 \varphi}{\partial x^2} + \frac{\partial^2 \varphi}{\partial y^2} = 0 \tag{3-11}$$

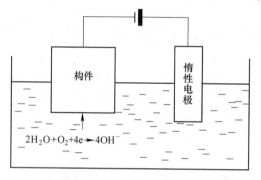

图 3-6　外加电流阴极保护原理

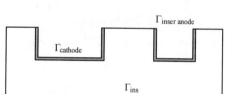

图 3-7　外加电流阴极保护边界条件

但边界条件和牺牲阳极不同，分两种情况：

（1）外加恒压源：

$$\begin{cases} \varphi = \varphi_0 & \Gamma \in \Gamma_{\text{inser anode}} \\[2mm] \dfrac{\partial \varphi}{\partial n} = -\dfrac{f_c(\varphi)}{\sigma} & \Gamma \in \Gamma_{\text{cathode}} \\[2mm] \dfrac{\partial \varphi}{\partial n} = 0 & \Gamma \in \Gamma_{\text{ins}} \end{cases} \tag{3-12}$$

（2）外加恒流源：

$$\begin{cases} \dfrac{\partial \varphi}{\partial n} = J_{\text{ICCP}} & \Gamma \in \Gamma_{\text{inser anode}} \\[2mm] \dfrac{\partial \varphi}{\partial n} = -\dfrac{f_c(\varphi)}{\sigma} & \Gamma \in \Gamma_{\text{cathode}} \\[2mm] \dfrac{\partial \varphi}{\partial n} = 0 & \Gamma \in \Gamma_{\text{ins}} \end{cases} \tag{3-13}$$

式中　φ_0——恒压源电压，V；

　　　J_{ICCP}——恒流源电流密度，A/m²。

3.3　腐蚀防护电势分布近似解

通过以上过程，我们建立了求解域电势分布的数学模型，但只有在边界条件简单、求解域不复杂的情况下，才能求得问题的解析解，一般情况下很难得到解析解。这种情况下只能采用数值模拟的办法求数值解。而求数值解的前提是要先找到电势分布 $\varphi(x,y)$ 的近似解 $\widetilde{\varphi}(x,y)$，下面我们重点讨论这个问题。

我们假设式（3-8）的真解为 $\varphi(x,y)$，如果用图形表示的话，在几何上是一个三维空间曲面，如图 3-8a 所示。通过 3.1 节的介绍，我们知道有限元解题的方法是把一个连续求解域人为分割成许多小区域，每一个小区域可以用近似解表示，从而整个区域也可用近似解表示。我们把这种思想应用到这一领域。为此，将图 3-8a 中的区域 Ω，人为地分割成许多子区域 Ω_{e}（单元 element），为讨论方便我们将子区域取为三角形；区域内线与线的交叉点称为节点（node），而这一划分过程称为离散[4]。这样一来，整个电势场曲面也相应被分割成许多小的三角形曲面，如图 3-8b 所示。

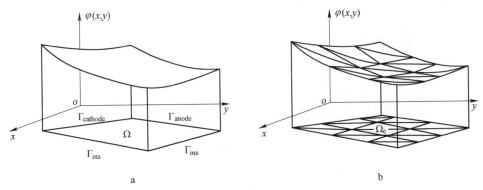

图 3-8　电场的近似解

a—真实电势场；b—电势场近似解

很显然，小曲面的大小、曲率与单元的划分有很大关系，当单元划分很多（或者说单元尺寸很小）时，小曲面也随着变小，曲率也随着变小，当小到一定程度时候，小曲面可近似看成平面，可以用图 3-9a 中的小平面 $\phi_1\phi_3\phi_4$、$\phi_1\phi_2\phi_3$ 等近似替代。既然曲面可以用小平面集合替代，那么得到小平面的解析方程就成为解决问题的关键，下面我们探讨一下小平面方程的解析形式。

我们知道，在高等数学中一个函数 $f(x)$，如果连续可微的话，可以在某一点 x_0 的邻域内对其进行泰勒展开[5]：

$$f(x) = f(x_0) + f'(x_0)(x - x_0) + \frac{1}{2!}f''(x_0)(x - x_0)^2 + \cdots +$$

$$\frac{1}{n!}f^{(n)}(x_0)(x - x_0)^n + \cdots$$

特别是当 $x_0 = 0$ 时有：

$$f(x) = f(0) + f'(0)x + \frac{1}{2!}f''(0)x^2 + \cdots + \frac{1}{n!}f^{(n)}(0)x^n + \cdots \tag{3-14}$$

　　观察上式我们发现，等号右边是多项式函数 $x^i(i = 1, 2, \cdots)$ 的线性组合。这就启发我们：一个复杂的函数是否可用多个简单函数的线性组合来表示呢？答案是肯定的，高等数学和很多学科早已证明并实践了这种思想，比如：计算机计算三角函数时，就是将它表示为多项式的和进行计算的[6]；光学中的傅里叶分析，也是把复杂光电的信号表示为三角函数的线性组合[7]；量子力学里的波函数是由许多简单基函数线性叠加而成的等[8]。因此我们完全有理由将上述电势场用某些简单函数的线性组合来表示，只不过要扩展为二维。

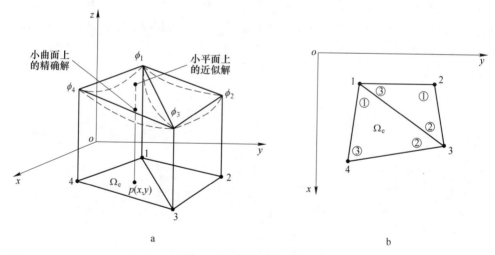

图 3-9　子区域上的近似解

a—子区域上的近似解；b—子区域俯视图

　　为了做到这一点，我们将图 3-8b 中区域 Ω 内的节点编号，并且假设已经知道了节点电位的精确解 $\varphi_i(i = 1, 2, \cdots)$，于是根据上述思想，整个求解区域 Γ_{ins} 内的电势场精确解就可以用简单函数的线性组合来表示：

$$\varphi(x, y) = N_1(x, y)\varphi_1 + N_2(x, y)\varphi_2 + \cdots + N_n(x, y)\varphi_n + \cdots \tag{3-15}$$

$N_i(x, y)(i = 1, 2, \cdots)$ 就是一组无穷多的简单函数，而待定系数 φ_i 就是节点的电势。由于精确解要用等号右边无穷多项来表示，因此节点电势也必须取无穷多，但在实际计算时，等号右边不可能取无限多项，一般取 n 项，于是式（3-15）变为：

$$\varphi(x,y) \approx \widetilde{\varphi}(x,y) = N_1(x,y)\varphi_1 + N_2(x,y)\varphi_2 + \cdots + N_n(x,y)\varphi_n \qquad (3\text{-}16)$$

$\widetilde{\varphi}(x,y)$ 取有限项，是电势场的近似解。由于 $\widetilde{\varphi}(x,y)$ 中只包含有限项，因此可以取有限个节点电势，这样就把一个具有无限自由度的问题简化为具有有限个自由度的问题，使问题的解决成为可能。因此只要确定了 n 个节点的电势 φ_i，就可以得到电势场的近似解。当然，近似解 $\widetilde{\varphi}(x,y)$ 与真实解 $\varphi(x,y)$ 之间存在误差，但只要方程式（3-16）项数 n 足够多，误差会越来越小，尤其当 n 取无穷多项时，误差为零。

式（3-15）中 $N_i(x,y)(i=1,2,\cdots,n)$ 是一组简单的函数，称为基函数、试探函数、权函数或形函数等，本书统一称为形函数。作为形函数它必须具备这样的性质：

$$N_i(x_j,y_j) = \begin{cases} 1 & i=j \\ 0 & i \neq j \end{cases} (i,j=1,2,\cdots,n) \qquad (3\text{-}17)$$

这是因为，近似解 $\widetilde{\varphi}(x,y)$ 是通过节点电势精确解 $\varphi_i(i=1,2,\cdots)$ 得到的，因此 $\widetilde{\varphi}(x,y)$ 应能反映这一事实，即当式（3-16）中的自变量 (x,y) 取为节点坐标时：

$$\widetilde{\varphi}(x_i,y_i) = N_1(x_i,y_i)\varphi_1 + N_2(x_i,y_i)\varphi_2 + \cdots + \underline{N_i(x_i,y_i)\varphi_i} + \cdots + N_n(x_i,y_i)\varphi_n$$

根据式（3-17）的性质，只有带下划线的那一项不为零，这样就有 $\widetilde{\varphi}(x_i,y_i) = \varphi_i$，即通过近似函数 $\widetilde{\varphi}(x,y)$ 求节点电势，应该能得到节点电势的精确解，而在节点以外的地方，如图 3-9a 中的 p 点，通过 $\widetilde{\varphi}(x,y)$ 求解的话，就只能得到近似解。这种计算称为插值计算，因此 $\widetilde{\varphi}(x,y)$ 又称为插值函数。插值函数和形函数是有限元的灵魂，以后大家会看到，整个有限元的计算，就是围绕如何构造形函数和插值函数进行的。

式（3-16）适合整个区域 Ω，自然也适用于区域中的每个子区域，即单元，下面我们就探讨一下任意单元电势的近似解形式。

在图 3-9b 中，取任意单元 Ω_e，仿照式（3-16），在此区域内的电势场近似函数为：

$$\widetilde{\varphi}_e(x,y) = \sum_{i=1}^{3} N_i(x,y)\varphi_i^e \qquad (3\text{-}18)$$

此处注意符号的变化：$\widetilde{\varphi}_e(x,y)$ 的下标 e 表示求解域 Ω_e 或单元 e，波浪线表示是近似解，细心的读者可能会发现，等号右边求和项由原来的 n 项变为 3 项，这是因为我们是在单元 e 内讨论 $\widetilde{\varphi}_e(x,y)$ 的，而单元 e 有三个节点，因此函数包括三项和。另外，$\varphi_i^e(i=①、②、③)$ 中下标圆圈数字表示的是单元的局部编号，见图 3-9b；而式（3-16）中的 $\varphi_i(i=1,2,\cdots,n)$ 的下标则是整体编号，也就是说，同一节点，既有整体编号也有局部编号，在讨论整个求解区域时，使用整体编号，而讨论某一单元时，使用局部编号，本书以后所有讨论皆遵循这一原则，但有时为了表达简洁，可能略去 φ_i^e 的上标 e，请读者注意。

也许有的读者会提出疑问，三角形平面用三个顶点坐标确定不就可以了吗？为什么还要用式（3-18）这么复杂的式子？这是因为：（1）用三个顶点确定平面方程与用式（3-18）确定平面方程，结果是一样的；（2）式（3-18）更具有普遍意义，是一种通用方法，尤其当离散时采用的不是三角形单元而是四边形单元时，比如用图 3-9b 中的两个三角形拼成一个四边形的话，则单元四个点 ϕ_1、ϕ_2、ϕ_3、ϕ_4 可能不共面，这样就无法通过坐标点确定平面方程。

由以上讨论可知，如果式（3-18）中的 $\varphi_i^e(i=①、②、③)$ 能确定的话，那么 $\widetilde{\varphi}_e(x,y)$ 就确定了，区域 Ω_e 的电势场的近似解就找到了，其他单元也做如此处理，汇合起来就得到整个电势场的近似解。显然，要确定 $\varphi_i^e(i=①、②、③)$ 必须存在一个关于它们的方程组，如何得到这样的方程组呢？这就涉及了有限元依赖的最基本的理论——变分法。

3.4　泛函极值里兹解法导出有限元求解列式

3.4.1　变分法

变分法是研究泛函极值的方法。所谓泛函，就是函数的函数，形如 $T[y(x)]$。历史上最著名的最速降线问题[9]，就是应用变分法求泛函极值的典型例子。该问题是这样描述的：如图 3-10 所示，在 xoy 坐标系下有两个点 A、B，其中 A 在坐标原点。现用一条曲线将 A、B 两点连接起来，将一小球从 A 点释放，小球在重力作用下沿曲线由 A 滑行到 B，如果不计摩擦力，求一条能使小球滑行

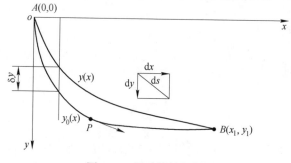

图 3-10　最速降线问题

花费时间最少的曲线。我们不妨设连接 A、B 两点的曲线方程为 $y(x)$，当小球滑行到曲线任一点 P 时，重力势能转变为动能，使小球具有了速度 v，根据能量守恒定律：

$$mgy = \frac{1}{2}mv^2 \tag{3-19}$$

得到速度：

$$v = \sqrt{2gy} \tag{3-20}$$

当小球到达 P 点后，再向前滑行微小弧长 ds，所经历的时间为：

$$dt = \frac{ds}{v} \tag{3-21}$$

于是滑行整段曲线所需时间为：

$$T = \int_A^B dt = \int_A^B \frac{ds}{v} \tag{3-22}$$

将速度式（3-20）代入式（3-21），并注意 $ds = \sqrt{(dx)^2 + (dy)^2} = \sqrt{1 + \left(\dfrac{dy}{dx}\right)^2}\,dx$，得到整个滑行时间：

$$T = \int_0^{x_1} \sqrt{\frac{1 + \left(\dfrac{dy}{dx}\right)^2}{2gy}}\,dx \tag{3-23}$$

即：

$$T[y(x), y'(x)] = \int_0^{x_1} \sqrt{\frac{1 + y'^2}{2gy}}\,dx \tag{3-24}$$

可见，滑行时间与曲线有关，是关于 $y(x)$ 的函数，使小球滑行时间最短的曲线（不妨设为 $y_0(x)$）使泛函 $T[y_0(x), y_0'(x)]$ 取得极值。

3.4.2 函数的微分与泛函的变分

根据高等数学知识，函数 $y(x)$ 在任一点 x 处的增量表达为[10]：

$$\Delta y = y(x + \Delta x) - y(x) \tag{3-25}$$

当函数连续可微时，上式可写作：

$$\Delta y = y'(x)\Delta x + o(\Delta x)$$

其中：

$$y' = \frac{dy}{dx} = \lim_{\Delta x \to 0} \frac{\Delta y}{\Delta x}$$

$o(\Delta x)$ 是关于 Δx 的微小量。

我们称 $y'(x)\Delta x$ 为函数增量的线性主部或微分。上述概念还可以用另一种方式描述，令：

$$\Delta y = y(x + \varepsilon\Delta x) - y(x)$$

其中，ε 是一微小数。

$$\frac{\partial y(x + \varepsilon\Delta x)}{\partial \varepsilon} = \frac{\partial y(x + \varepsilon\Delta x)}{\partial (x + \varepsilon\Delta x)} \frac{\partial (x + \varepsilon\Delta x)}{\partial \varepsilon} = y'(x + \varepsilon\Delta x)\Delta x$$

因此当 $\varepsilon \to 0$ 时：

$$\frac{\partial y(x + \varepsilon\Delta x)}{\partial \varepsilon}\bigg|_{\varepsilon \to 0} = y'(x)\Delta x \tag{3-26}$$

可见 $y(x + \varepsilon\Delta x)$ 在 $\varepsilon = 0$ 时的导数等于 $y(x)$ 在 x 处的微分。

把上述概念推广到泛函，就得到变分的概念。式（3-24）中，不妨设这条滑行时间最少的曲线为 $y_0(x)$，其余的曲线为 $y(x)$，于是定义：

$$\delta y = y_0(x) - y(x) \tag{3-27}$$

为函数 $y(x)$ 的变分，意义见图 3-10。上式也可写作：

$$y_0(x) = y(x) + \delta y(x)$$

或：

$$y_0(x) = y(x) + \varepsilon\delta y(x) \tag{3-28}$$

当曲线为 $y_0(x)$ 时，泛函式（3-24）的值最小，大小为：

$$T[y_0(x), y_0'(x)] = \int_0^{x_1} \sqrt{\frac{1 + y_0'^2}{2gy_0}} \mathrm{d}x$$

当曲线为 $y(x)$ 时，泛函的值为：

$$T[y(x), y'(x)] = \int_0^{x_1} \sqrt{\frac{1 + y'^2}{2gy}} \mathrm{d}x$$

于是二者之差为：

$$\Delta T = T[y_0(x)] - T[y(x)] = T[y(x) + \delta y(x)] - T[y(x)]$$

和函数增量式（3-25）类似，泛函的增量也可写成线性主部加一个无穷小量的形式：

$$\Delta T = L[y(x), \delta y] + \beta[y(x), \delta y]\delta y_{max} \tag{3-29}$$

式中　$L[y(x), \delta y]$——泛函增量的线性主部；

$\beta[y(x), \delta y]\delta y_{max}$——高阶微量。

当 $\delta y \to 0$ 时，$\delta y_{max} \to 0$，于是有 $\Delta T \to \delta T = L[y_0(x), \delta y]$，称 $L[y(x), \delta y]$ 为泛函增量的线性主部，即泛函的变分。这一概念还可以用另外一种方式表达出来：

$$\Delta T = T[y_0(x)] - T[y(x)] = T[y(x) + \varepsilon\delta y(x)] - T[y(x)] \tag{3-30}$$

将之写为：

$$\Delta T = L[y_0(x), \varepsilon\delta y] + \beta[y(x), \varepsilon\delta y]\varepsilon\delta y_{max} \tag{3-31}$$

即把式 (3-29) 中的 $\delta y(x)$ 换成 $\varepsilon\delta y(x)$ 即可。

和式 (3-26) 类似，将式 (3-31) 对 ε 求偏导：

$$\frac{\partial \Delta T}{\partial \varepsilon} = \frac{\partial L[y(x), \varepsilon\delta y(x)]}{\partial \varepsilon} + \frac{\partial \beta[y(x), \varepsilon\delta y(x)\delta y_{max}(x)]}{\partial \varepsilon} \tag{3-32}$$

由于线性项 $L[y(x), \varepsilon\delta y(x)]$ 对 ε 来说是线性的，因此：

$$L[y_0(x), \varepsilon\delta y] = \varepsilon L[y_0(x), \delta y]$$

另外，$\varepsilon \to 0$ 导致 $\beta[y(x), \varepsilon\delta y]\varepsilon\delta y_{max} \to 0$ 和 $\varepsilon\delta y \to 0$，而 $\varepsilon\delta y \to 0$ 导致 $\delta y_{max} \to 0$，因此当 $\varepsilon \to 0$ 时，式 (3-32) 变为：

$$\frac{\partial T[y(x) + \varepsilon\delta y(x)]}{\partial \varepsilon} = \frac{L[y(x), \delta y(x)]\varepsilon}{\partial \varepsilon} = L[y(x), \delta y(x)]$$

3.4.3 泛函极值

我们再回到 3.4.1 节中，假设滑行时间最短的曲线为 $y_0(x)$，那么关于 $y_0(x)$ 的泛函为：

$$T[y_0(x), y_0'(x)] = \int_0^{x_1} \sqrt{\frac{1 + y_0'^2}{2gy_0}}\,\mathrm{d}x$$

而其余曲线 $y(x)$ 的泛函为：

$$T[y(x), y'(x)] = \int_0^{x_1} \sqrt{\frac{1 + y'^2}{2gy}}\,\mathrm{d}x$$

令：

$$F(x, y, y') = \sqrt{\frac{1 + y'^2}{2gy}}$$

泛函增量为：

$$\Delta T = T[y_0(x)] - T[y(x)] = T[y(x) + \delta y(x)] - T[y(x)]$$

$$\Delta T = \int_0^{x_1} F(x, y + \delta y, y' + \delta y')\,\mathrm{d}x - \int_0^{x_1} F(x, y, y')\,\mathrm{d}x \tag{3-33}$$

上式积分号内第一项进行泰勒展开：

$$F(x, y + \delta y, y' + \delta y') = F(x, y, y') + \frac{\partial F}{\partial y}\delta y + \frac{\partial F}{\partial y'}\delta y' +$$

$$\left[\frac{\partial^2 F}{\partial y^2}(\delta y)^2 + 2\frac{\partial^2 F}{\partial y \partial y'}\delta y\delta y' + \frac{\partial^2 F}{\partial y'^2}(\delta y')^2\right] + \cdots$$

再代入式（3-33）得：

$$\Delta T = \int_0^{x_1}\left\{F(x,y,y') + \left(\frac{\partial F}{\partial y}\delta y + \frac{\partial F}{\partial y'}\delta y'\right) + \left[\frac{\partial^2 F}{\partial y^2}(\delta y)^2 + 2\frac{\partial^2 F}{\partial y\partial y'}\delta y\delta y' + \right.\right.$$

$$\left.\left.\frac{\partial^2 F}{\partial y'^2}(\delta y')^2\right] + \cdots\right\}dx - \int_0^{x_1}F(x,y,y')dx$$

$$= \int_0^{x_1}\left\{\left(\frac{\partial F}{\partial y}\delta y + \frac{\partial F}{\partial y'}\delta y'\right) + \left[\frac{\partial^2 F}{\partial y^2}(\delta y)^2 + 2\frac{\partial^2 F}{\partial y\partial y'}\delta y\delta y' + \frac{\partial^2 F}{\partial y'^2}(\delta y')^2\right] + \cdots\right\}dx$$

$$(3\text{-}34)$$

令：

$$\delta T = \int_0^{x_1}\left(\frac{\partial F}{\partial y}\delta y + \frac{\partial F}{\partial y'}\delta y'\right)dx \tag{3-35}$$

$$\delta^2 T = \frac{\partial^2 F}{\partial y^2}(\delta y)^2 + 2\frac{\partial^2 F}{\partial y\partial y'}\delta y\delta y' + \frac{\partial^2 F}{\partial y'^2}(\delta y')^2 dx \tag{3-36}$$

称式（3-35）为一阶变分、式（3-36）为二阶变分，这样式（3-33）变为：

$$\Delta T = \delta T + \frac{1}{2!}\delta^2 T + \cdots$$

一般略去二级变分，上式变为：

$$\Delta T = \delta T$$

与函数 $y(x)$ 取得极值的条件 $dy = 0$ 类似，泛函取极值的条件为：

$$\delta T = 0$$

即：

$$\int_0^{x_1}\left(\frac{\partial F}{\partial y}\delta y + \frac{\partial F}{\partial y'}\delta y'\right)dx = 0 \tag{3-37}$$

对上式积分号第二项进行分部积分，并利用 $d(\delta y) = \delta y'dx$ 得：

$$\int_0^{x_1}\left(\frac{\partial F}{\partial y'}\delta y'\right)dx = \int_0^{x_1}\left(\frac{\partial F}{\partial y'}\right)d(\delta y) = \frac{\partial F}{\partial y'}\delta y\Big|_{x_x}^{x_1} - \int_0^{x_1}(\delta y)d\left(\frac{\partial F}{\partial y'}\right) \tag{3-38}$$

由于在 $x=0$ 和 $x=x_1$ 处 $y_0(x) = y(x) \Rightarrow \delta y = 0$，因此式（3-38）变为：

$$\int_0^{x_1}\left(\frac{\partial F}{\partial y'}\delta y'\right)dx = -\int_0^{x_1}(\delta y)d\left(\frac{\partial F}{\partial y'}\right)$$

代入式（3-37）：

$$\delta T = \int_0^{x_1}\left[\frac{\partial F}{\partial y'} - d\left(\frac{\partial F}{\partial y'}\right)\right]\delta y dx = 0$$

由于 δy 的任意性，要使上式恒成立，必须有：

$$\frac{\partial F}{\partial y'} - \mathrm{d}\left(\frac{\partial F}{\partial y'}\right) = 0 \quad \text{或} \quad \frac{\partial F}{\partial y'} - \frac{\mathrm{d}}{\mathrm{d}x}\left(\frac{\partial F}{\partial y'}\right) = 0 \tag{3-39}$$

成立。这一方程称为欧拉方程。这样求泛函极值问题，就变为求解偏微分方程问题。

现将 $F(x, y, y') = \sqrt{\dfrac{1 + y'^2}{2gy}}$ 代入式（3-39）求得最速降线方程：

$$\begin{cases} x = r(\theta - \sin\theta) \\ y = r(1 - \cos\theta) \end{cases} \quad (0 \leqslant \theta \leqslant \pi)$$

这是摆线的一段，其中 r 可以通过 A、B 点位置确定。

3.4.4 区域电势场微分方程泛函的建立

由上面讨论可知，求泛函极值等效于求解欧拉方程。现在我们反过来思考：如果知道一个微分方程，能否反过来构造这个微分方程的泛函呢？如果能，就可以把一个求解微分方程的问题，归结为求泛函极值问题。下面我们以牺牲阳极数学模型为例，探讨这一问题。

根据式（3-8），电解质区域电势分布满足 Laplace 方程[11]：

$$\frac{\partial^2 \varphi}{\partial x^2} + \frac{\partial^2 \varphi}{\partial y^2} = 0 \tag{3-40}$$

其边界条件为（以牺牲阳极边界条件为例）：

$$\begin{cases} \dfrac{\partial \varphi}{\partial n} = -\dfrac{f_a(\varphi)}{\sigma} & \Gamma \in \Gamma_{\text{anode}} \\[2mm] \dfrac{\partial \varphi}{\partial n} = -\dfrac{f_c(\varphi)}{\sigma} & \Gamma \in \Gamma_{\text{cathode}} \\[2mm] \dfrac{\partial \varphi}{\partial n} = 0 & \Gamma \in \Gamma_{\text{ins}} \end{cases}$$

这一带有边值的微分方程的泛函为：

$$\Pi(\varphi) = \iint\limits_{\Omega} \frac{1}{2}\left[\left(\frac{\partial \varphi}{\partial x}\right)^2 + \left(\frac{\partial \varphi}{\partial y}\right)^2\right]\mathrm{d}x\mathrm{d}y + \int\limits_{\Gamma_{\text{anode}}} -\frac{f_a(\varphi)}{\sigma}\varphi\mathrm{d}\Gamma + \int\limits_{\Gamma_{\text{cathode}}} -\frac{f_c(\varphi)}{\sigma}\varphi\mathrm{d}\Gamma$$

$$\tag{3-41}$$

使上述泛函取得极值，即 $\delta\Pi(\varphi) = 0$ 的电势 $\varphi(x, y)$，就是问题的真实解。

3.4.5 变分问题的里兹解法

由 3.2.1 节可知，由于问题的复杂性，一般无法得到电势分布的解析解，为此采用数值方法得到数值解。以牺牲阳极为例，将图 3-8 区域采用三角形单元离散，结果如图 3-11 所示。

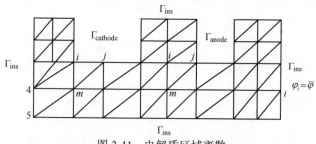

图 3-11　电解质区域离散

将求解域离散为很多单元后，在每个单元上，也存在类似式（3-41）泛函：

$$\Pi(\varphi_e) = \iint\limits_{\Omega_e} \frac{1}{2}\left[\left(\frac{\partial \varphi_e}{\partial x}\right)^2 + \left(\frac{\partial \varphi_e}{\partial y}\right)^2\right]\mathrm{d}x\mathrm{d}y + \int\limits_{\Gamma_{\text{anode}}^e} -\frac{f_a(\varphi_e)}{\sigma}\varphi_e\mathrm{d}\Gamma + \int\limits_{\Gamma_{\text{cathode}}^e} -\frac{f_c(\varphi_e)}{\sigma}\varphi_e\mathrm{d}\Gamma$$

（3-42）

其中 φ_e 为单元的电势分布函数近似解，于是整个区域的泛函由子区域泛函叠加而成：

$$\Pi(\varphi) = \sum_{e=1}^{N} \Pi(\varphi_e) \tag{3-43}$$

现在求解域内任取一三角形单元，如图 3-12 所示。

根据 3.3 节的讨论，可根据式（3-18）写出三角形单元电势场插值函数为：

$$\widetilde{\varphi}_e(x,y) = \sum_{i=i}^{m} N_i(x,y)\varphi_i^e$$

（3-44）

下面我们推导 $N_i(x,y)(i = i,j,m)$ 的具体形式。为此，我们设单元电势分布函数为：

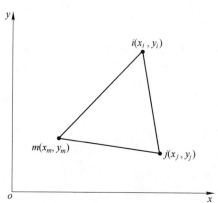

图 3-12　三角形单元

$$\widetilde{\phi}_e = \beta_1 + \beta_2 x + \beta_3 y \tag{3-45}$$

将 i、j、m 点坐标和电位代入上式：

$$\begin{cases} \varphi_i^e = \beta_1 + \beta_2 x_i + \beta_3 y_i \\ \varphi_j^e = \beta_1 + \beta_2 x_j + \beta_3 y_j \\ \varphi_m^e = \beta_1 + \beta_2 x_m + \beta_3 y_m \end{cases}$$

解出：

$$\beta_1 = \frac{1}{2S_\triangle}(a_i\varphi_i^e + a_j\varphi_j^e + a_m\varphi_m^e)$$

$$\beta_2 = \frac{1}{2S_\triangle}(b_i\varphi_i^e + b_j\varphi_j^e + b_m\varphi_m^e)$$

$$\beta_3 = \frac{1}{2S_\triangle}(c_i\varphi_i^e + c_j\varphi_j^e + c_m\varphi_m^e)$$

式中 $S_\triangle$——三角形面积。

$$a_i = x_jy_m - y_jx_m \quad b_i = y_j - y_m \quad c_i = x_m - x_j$$

$$a_j = x_my_i - y_mx_i \quad b_j = y_m - y_i \quad c_j = x_i - x_m$$

$$a_m = x_iy_j - y_ix_j \quad b_m = y_i - y_j \quad c_m = x_j - x_i$$

代入式（3-44），整理得：

$$\widetilde{\varphi}_e = \frac{a_i + b_ix + c_iy}{2S_\triangle}\varphi_i^e + \frac{a_j + b_jx + c_jy}{2S_\triangle}\varphi_j^e + \frac{a_m + b_mx + c_my}{2S_\triangle}\varphi_m^e \quad （3-46）$$

令：

$$N_i(x,y) = \frac{a_i + b_ix + c_iy}{2S_\triangle}$$

$$N_j(x,y) = \frac{a_j + b_jx + c_jy}{2S_\triangle}$$

$$N_m(x,y) = \frac{a_m + b_mx + c_my}{2S_\triangle}$$

此称为形函数。

将单元近似解（3-46）代入式（3-42）得：

$$\Pi(\widetilde{\varphi}_e) = \iint\limits_{\Omega_e} \frac{1}{2}\left\{\left[\frac{\partial(\sum_{i=i}^{m}N_i\varphi_i^e)}{\partial x}\right]^2 + \left[\frac{\partial(\sum_{i=i}^{m}N_i\varphi_i^e)}{\partial y}\right]^2\right\}dxdy + \int\limits_{\Gamma_{anode}} - \frac{f_a(\sum_{i=i}^{m}N_i\varphi_i^e)}{\sigma}$$

$$(\sum_{i=i}^{m}N_i\varphi_i^e)d\Gamma + \int\limits_{\Gamma_{cathode}} - \frac{f_c(\sum_{i=i}^{m}N_i\varphi_i^e)}{\sigma}(\sum_{i=i}^{m}N_i\varphi_i^e)d\Gamma \quad （3-47）$$

$\Pi(\widetilde{\varphi}_e)$ 就是一个关于 φ_i^e、φ_j^e、φ_m^e 的多元函数 $\Pi(\varphi_i^e, \varphi_j^e, \varphi_m^e)$，这样一来，$\Pi(\widetilde{\varphi}_e)$ 的变分问题就变为求多元函数极值问题：

$$\delta\Pi(\widetilde{\varphi}_e) = 0 \Longrightarrow \begin{cases} \dfrac{\partial\Pi(\widetilde{\varphi}_e)}{\partial\varphi_i^e} = 0 \\[3mm] \dfrac{\partial\Pi(\widetilde{\varphi}_e)}{\partial\varphi_j^e} = 0 \\[3mm] \dfrac{\partial\Pi(\widetilde{\varphi}_e)}{\partial\varphi_m^e} = 0 \end{cases} \tag{3-48}$$

下面我们看一下式（3-47）的具体形式。假设我们讨论的单元处于区域内部，而不在边界上，那么这样单元的泛函只包括式（3-47）中的第一项，对第一项求 φ_i^e 的偏导：

$$\frac{\partial\Pi_1(\widetilde{\varphi}_e)}{\partial\varphi_i^e} = \iint\limits_{\Omega_e}\left[\left(\sum_{i=i}^m \frac{\partial N_i}{\partial x}\varphi_i^e\right)\frac{\partial N_i}{\partial x} + \left(\sum_{i=i}^m \frac{\partial N_i}{\partial y}\varphi_i^e\right)\frac{\partial N_i}{\partial y}\right]\mathrm{d}x\mathrm{d}y \tag{3-49}$$

展开：

$$\frac{\partial\Pi_1(\widetilde{\varphi}_e)}{\partial\varphi_i^e} = \left[\iint\limits_{\Omega_e}\left(\frac{\partial N_i}{\partial x}\frac{\partial N_i}{\partial x} + \frac{\partial N_i}{\partial y}\frac{\partial N_i}{\partial y}\right)\mathrm{d}x\mathrm{d}y \iint\limits_{\Omega_e}\left(\frac{\partial N_j}{\partial x}\frac{\partial N_i}{\partial x} + \frac{\partial N_j}{\partial y}\frac{\partial N_i}{\partial y}\right)\mathrm{d}x\mathrm{d}y\right.$$

$$\left.\iint\limits_{\Omega_e}\left(\frac{\partial N_m}{\partial x}\frac{\partial N_i}{\partial x} + \frac{\partial N_m}{\partial y}\frac{\partial N_i}{\partial y}\right)\mathrm{d}x\mathrm{d}y\right]\begin{bmatrix}\varphi_i^e \\ \varphi_j^e \\ \varphi_m^e\end{bmatrix} \tag{3-50}$$

接下来再对 φ_j^e、φ_m^e 求偏导，然后汇总起来得到：

$$\begin{bmatrix}\dfrac{\partial\Pi_1(\widetilde{\varphi}_e)}{\partial\varphi_i^e} \\[4mm] \dfrac{\partial\Pi_1(\widetilde{\varphi}_e)}{\partial\varphi_j^e} \\[4mm] \dfrac{\partial\Pi_1(\widetilde{\varphi}_e)}{\partial\varphi_m^e}\end{bmatrix} = \iint\limits_{\Omega_e}\begin{bmatrix}\dfrac{\partial N_i}{\partial x}\dfrac{\partial N_i}{\partial x} + \dfrac{\partial N_i}{\partial y}\dfrac{\partial N_i}{\partial y} & \dfrac{\partial N_j}{\partial x}\dfrac{\partial N_i}{\partial x} + \dfrac{\partial N_j}{\partial y}\dfrac{\partial N_i}{\partial y} & \dfrac{\partial N_m}{\partial x}\dfrac{\partial N_i}{\partial x} + \dfrac{\partial N_m}{\partial y}\dfrac{\partial N_i}{\partial y} \\[4mm] \dfrac{\partial N_i}{\partial x}\dfrac{\partial N_j}{\partial x} + \dfrac{\partial N_i}{\partial y}\dfrac{\partial N_j}{\partial y} & \dfrac{\partial N_j}{\partial x}\dfrac{\partial N_j}{\partial x} + \dfrac{\partial N_j}{\partial y}\dfrac{\partial N_j}{\partial y} & \dfrac{\partial N_m}{\partial x}\dfrac{\partial N_j}{\partial x} + \dfrac{\partial N_m}{\partial y}\dfrac{\partial N_j}{\partial y} \\[4mm] \dfrac{\partial N_i}{\partial x}\dfrac{\partial N_m}{\partial x} + \dfrac{\partial N_i}{\partial y}\dfrac{\partial N_m}{\partial y} & \dfrac{\partial N_j}{\partial x}\dfrac{\partial N_m}{\partial x} + \dfrac{\partial N_j}{\partial y}\dfrac{\partial N_m}{\partial y} & \dfrac{\partial N_m}{\partial x}\dfrac{\partial N_m}{\partial x} + \dfrac{\partial N_m}{\partial y}\dfrac{\partial N_m}{\partial y}\end{bmatrix}$$

$$\mathrm{d}x\mathrm{d}y\begin{bmatrix}\varphi_i^e \\ \varphi_j^e \\ \varphi_m^e\end{bmatrix} \tag{3-51}$$

令：

$$
\boldsymbol{K}_1^{\mathrm{e}} = \begin{bmatrix} \dfrac{\partial N_i}{\partial x}\dfrac{\partial N_i}{\partial x} + \dfrac{\partial N_i}{\partial y}\dfrac{\partial N_i}{\partial y} & \dfrac{\partial N_j}{\partial x}\dfrac{\partial N_i}{\partial x} + \dfrac{\partial N_j}{\partial y}\dfrac{\partial N_i}{\partial y} & \dfrac{\partial N_m}{\partial x}\dfrac{\partial N_i}{\partial x} + \dfrac{\partial N_m}{\partial y}\dfrac{\partial N_i}{\partial y} \\[3mm] \dfrac{\partial N_i}{\partial x}\dfrac{\partial N_j}{\partial x} + \dfrac{\partial N_i}{\partial y}\dfrac{\partial N_j}{\partial y} & \dfrac{\partial N_j}{\partial x}\dfrac{\partial N_j}{\partial x} + \dfrac{\partial N_j}{\partial y}\dfrac{\partial N_j}{\partial y} & \dfrac{\partial N_m}{\partial x}\dfrac{\partial N_j}{\partial x} + \dfrac{\partial N_m}{\partial y}\dfrac{\partial N_j}{\partial y} \\[3mm] \dfrac{\partial N_i}{\partial x}\dfrac{\partial N_m}{\partial x} + \dfrac{\partial N_i}{\partial y}\dfrac{\partial N_m}{\partial y} & \dfrac{\partial N_j}{\partial x}\dfrac{\partial N_m}{\partial x} + \dfrac{\partial N_j}{\partial y}\dfrac{\partial N_m}{\partial y} & \dfrac{\partial N_m}{\partial x}\dfrac{\partial N_m}{\partial x} + \dfrac{\partial N_m}{\partial y}\dfrac{\partial N_m}{\partial y} \end{bmatrix}
$$

上面讨论的单元位于区域内，如果单元，比如图 3-11 中的 ijm 的 ij 边位于牺牲阳极边界 $\Gamma_{\mathrm{cathode}}$ 上，则此时电流密度与电位关系为 $\dfrac{\partial \phi}{\partial n} = -\dfrac{f_a(\phi)}{\sigma}$ ，这样单元泛函除了式（3-47）中的第一项外，还包括第二项。第一项的处理同上，第二项处理如下：

首先对 φ_i^{e} 求偏导：

$$
\frac{\partial \Pi_2(\widetilde{\varphi}_{\mathrm{e}})}{\partial \varphi_i^{\mathrm{e}}} = \lambda \int_{\Gamma_{\mathrm{anode}}^{\mathrm{e}}} N_i f_a \mathrm{d}\Gamma + \lambda \int_{\Gamma_{\mathrm{anode}}^{\mathrm{e}}} N_i \frac{\partial f_a}{\partial \widetilde{\varphi}_{\mathrm{e}}} (\sum_{i=i}^{m} N_i \varphi_i^{\mathrm{e}}) \mathrm{d}\Gamma
$$

$$
= \begin{bmatrix} \lambda \int_{\Gamma_{\mathrm{anode}}^{\mathrm{e}}} N_i \dfrac{\partial f_a}{\partial \widetilde{\varphi}_{\mathrm{e}}} N_i \mathrm{d}\Gamma & \lambda \int_{\Gamma_{\mathrm{anode}}^{\mathrm{e}}} N_i \dfrac{\partial f_a}{\partial \widetilde{\varphi}_{\mathrm{e}}} N_j \mathrm{d}\Gamma & \lambda \int_{\Gamma_{\mathrm{anode}}^{\mathrm{e}}} N_i \dfrac{\partial f_a}{\partial \widetilde{\varphi}_{\mathrm{e}}} N_m \mathrm{d}\Gamma \end{bmatrix} \begin{bmatrix} \varphi_i^{\mathrm{e}} \\ \varphi_j^{\mathrm{e}} \\ \varphi_m^{\mathrm{e}} \end{bmatrix} +
$$

$$
\lambda \int_{\Gamma_{\mathrm{anode}}^{\mathrm{e}}} N_i f_a(\widetilde{\varphi}_{\mathrm{e}}) \mathrm{d}\Gamma
$$

其中 $\lambda = -\dfrac{1}{\sigma}$ 。接下来再对 φ_j^{e} 、 φ_m^{e} 求偏导，然后汇总起来：

$$
\begin{bmatrix} \dfrac{\partial \Pi_2(\widetilde{\varphi}_{\mathrm{e}})}{\partial \varphi_i^{\mathrm{e}}} \\[3mm] \dfrac{\partial \Pi_2(\widetilde{\varphi}_{\mathrm{e}})}{\partial \varphi_j^{\mathrm{e}}} \\[3mm] \dfrac{\partial \Pi_2(\widetilde{\varphi}_{\mathrm{e}})}{\partial \varphi_m^{\mathrm{e}}} \end{bmatrix} = \begin{bmatrix} \lambda \int_{\Gamma_{\mathrm{anode}}^{\mathrm{e}}} N_i \dfrac{\partial f_a}{\partial \widetilde{\varphi}_{\mathrm{e}}} N_i \mathrm{d}\Gamma & \lambda \int_{\Gamma_{\mathrm{anode}}^{\mathrm{e}}} N_i \dfrac{\partial f_a}{\partial \widetilde{\varphi}_{\mathrm{e}}} N_j \mathrm{d}\Gamma & \lambda \int_{\Gamma_{\mathrm{anode}}^{\mathrm{e}}} N_i \dfrac{\partial f_a}{\partial \widetilde{\varphi}_{\mathrm{e}}} N_m \mathrm{d}\Gamma \\[3mm] \lambda \int_{\Gamma_{\mathrm{anode}}^{\mathrm{e}}} N_j \dfrac{\partial f_a}{\partial \widetilde{\varphi}_{\mathrm{e}}} N_i \mathrm{d}\Gamma & \lambda \int_{\Gamma_{\mathrm{anode}}^{\mathrm{e}}} N_j \dfrac{\partial f_a}{\partial \widetilde{\varphi}_{\mathrm{e}}} N_j \mathrm{d}\Gamma & \lambda \int_{\Gamma_{\mathrm{anode}}^{\mathrm{e}}} N_j \dfrac{\partial f_a}{\partial \widetilde{\varphi}_{\mathrm{e}}} N_m \mathrm{d}\Gamma \\[3mm] \lambda \int_{\Gamma_{\mathrm{anode}}^{\mathrm{e}}} N_m \dfrac{\partial f_a}{\partial \widetilde{\varphi}_{\mathrm{e}}} N_i \mathrm{d}\Gamma & \lambda \int_{\Gamma_{\mathrm{anode}}^{\mathrm{e}}} N_m \dfrac{\partial f_a}{\partial \widetilde{\varphi}_{\mathrm{e}}} N_j \mathrm{d}\Gamma & \lambda \int_{\Gamma_{\mathrm{anode}}^{\mathrm{e}}} N_m \dfrac{\partial f_a}{\partial \widetilde{\varphi}_{\mathrm{e}}} N_m \mathrm{d}\Gamma \end{bmatrix} \begin{bmatrix} \varphi_i^{\mathrm{e}} \\ \varphi_j^{\mathrm{e}} \\ \varphi_m^{\mathrm{e}} \end{bmatrix} +
$$

$$
\begin{bmatrix} \lambda \int_{\Gamma_{\mathrm{anode}}^{\mathrm{e}}} N_i f_a(\widetilde{\varphi}_{\mathrm{e}}) \mathrm{d}\Gamma \\[3mm] \lambda \int_{\Gamma_{\mathrm{anode}}^{\mathrm{e}}} N_j f_a(\widetilde{\varphi}_{\mathrm{e}}) \mathrm{d}\Gamma \\[3mm] \lambda \int_{\Gamma_{\mathrm{anode}}^{\mathrm{e}}} N_m f_a(\widetilde{\varphi}_{\mathrm{e}}) \mathrm{d}\Gamma \end{bmatrix}
$$

令：

$$\boldsymbol{K}_2^{e} = \begin{bmatrix} \lambda \displaystyle\int_{\Gamma_{\text{anode}}^{e}} N_i \dfrac{\partial f_a}{\partial \widetilde{\varphi}_e} N_i \mathrm{d}\Gamma & \lambda \displaystyle\int_{\Gamma_{\text{anode}}^{e}} N_i \dfrac{\partial f_a}{\partial \widetilde{\varphi}_e} N_j \mathrm{d}\Gamma & \lambda \displaystyle\int_{\Gamma_{\text{anode}}^{e}} N_i \dfrac{\partial f_a}{\partial \widetilde{\varphi}_e} N_m \mathrm{d}\Gamma \\[2em] \lambda \displaystyle\int_{\Gamma_{\text{anode}}^{e}} N_j \dfrac{\partial f_a}{\partial \widetilde{\varphi}_e} N_i \mathrm{d}\Gamma & \lambda \displaystyle\int_{\Gamma_{\text{anode}}^{e}} N_j \dfrac{\partial f_a}{\partial \widetilde{\varphi}_e} N_j \mathrm{d}\Gamma & \lambda \displaystyle\int_{\Gamma_{\text{anode}}^{e}} N_j \dfrac{\partial f_a}{\partial \widetilde{\varphi}_e} N_m \mathrm{d}\Gamma \\[2em] \lambda \displaystyle\int_{\Gamma_{\text{anode}}^{e}} N_m \dfrac{\partial f_a}{\partial \widetilde{\varphi}_e} N_i \mathrm{d}\Gamma & \lambda \displaystyle\int_{\Gamma_{\text{anode}}^{e}} N_m \dfrac{\partial f_a}{\partial \widetilde{\varphi}_e} N_j \mathrm{d}\Gamma & \lambda \displaystyle\int_{\Gamma_{\text{anode}}^{e}} N_m \dfrac{\partial f_a}{\partial \widetilde{\varphi}_e} N_m \mathrm{d}\Gamma \end{bmatrix}$$

$$\boldsymbol{P}_2^{e} = - \begin{bmatrix} \lambda \displaystyle\int_{\Gamma_{\text{anode}}^{e}} N_i f_a(\widetilde{\varphi}_e) \mathrm{d}\Gamma \\[2em] \lambda \displaystyle\int_{\Gamma_{\text{anode}}^{e}} N_j f_a(\widetilde{\varphi}_e) \mathrm{d}\Gamma \\[2em] \lambda \displaystyle\int_{\Gamma_{\text{anode}}^{e}} N_m f_a(\widetilde{\varphi}_e) \mathrm{d}\Gamma \end{bmatrix}$$

如果单元 ijm 的 ij 边位于阴极边界 Γ_{cathode} 上，如图 3-11 所示，则根据边界条件，此时电流密度与电位关系为 $\dfrac{\partial \varphi}{\partial n} = -\dfrac{f_c(\varphi)}{\sigma}$，这样的单元泛函式（3-47）将存在第一项和第三项，第一项处理过程和前面一样，第三项的处理与第二项类似，只需将 $f_a(\widetilde{\varphi}_e)$ 换成 $f_c(\widetilde{\varphi}_e)$ 即可：

$$\begin{bmatrix} \dfrac{\partial \Pi_3(\widetilde{\varphi}_e)}{\partial \varphi_i^{e}} \\[1.5em] \dfrac{\partial \Pi_3(\widetilde{\varphi}_e)}{\partial \varphi_j^{e}} \\[1.5em] \dfrac{\partial \Pi_3(\widetilde{\varphi}_e)}{\partial \varphi_m^{e}} \end{bmatrix} = \begin{bmatrix} \lambda \displaystyle\int_{\Gamma_{\text{cathode}}^{e}} N_i \dfrac{\partial f_c}{\partial \widetilde{\varphi}_e} N_i \mathrm{d}\Gamma & \lambda \displaystyle\int_{\Gamma_{\text{cathode}}^{e}} N_i \dfrac{\partial f_c}{\partial \widetilde{\varphi}_e} N_j \mathrm{d}\Gamma & \lambda \displaystyle\int_{\Gamma_{\text{cathode}}^{e}} N_i \dfrac{\partial f_c}{\partial \widetilde{\varphi}_e} N_m \mathrm{d}\Gamma \\[2em] \lambda \displaystyle\int_{\Gamma_{\text{cathode}}^{e}} N_j \dfrac{\partial f_c}{\partial \widetilde{\varphi}_e} N_i \mathrm{d}\Gamma & \lambda \displaystyle\int_{\Gamma_{\text{cathode}}^{e}} N_j \dfrac{\partial f_c}{\partial \widetilde{\varphi}_e} N_j \mathrm{d}\Gamma & \lambda \displaystyle\int_{\Gamma_{\text{cathode}}^{e}} N_j \dfrac{\partial f_c}{\partial \widetilde{\varphi}_e} N_m \mathrm{d}\Gamma \\[2em] \lambda \displaystyle\int_{\Gamma_{\text{cathode}}^{e}} N_m \dfrac{\partial f_c}{\partial \widetilde{\varphi}_e} N_i \mathrm{d}\Gamma & \lambda \displaystyle\int_{\Gamma_{\text{cathode}}^{e}} N_m \dfrac{\partial f_c}{\partial \widetilde{\varphi}_e} N_j \mathrm{d}\Gamma & \lambda \displaystyle\int_{\Gamma_{\text{cathode}}^{e}} N_m \dfrac{\partial f_c}{\partial \widetilde{\varphi}_e} N_m \mathrm{d}\Gamma \end{bmatrix}$$

$$\begin{bmatrix} \varphi_i^{e} \\[1em] \varphi_j^{e} \\[1em] \varphi_m^{e} \end{bmatrix} + \begin{bmatrix} \lambda \displaystyle\int_{\Gamma_{\text{cathode}}^{e}} N_i f_c(\widetilde{\varphi}_e) \mathrm{d}\Gamma \\[2em] \lambda \displaystyle\int_{\Gamma_{\text{cathode}}^{e}} N_j f_c(\widetilde{\varphi}_e) \mathrm{d}\Gamma \\[2em] \lambda \displaystyle\int_{\Gamma_{\text{cathode}}^{e}} N_m f_c(\widetilde{\varphi}_e) \mathrm{d}\Gamma \end{bmatrix}$$

令：

$$
\boldsymbol{K}_3^e = \begin{bmatrix}
\lambda \displaystyle\int_{\Gamma_{\text{cathode}}^e} N_i \dfrac{\partial f_c}{\partial \widetilde{\varphi}_e} N_i \mathrm{d}\Gamma & \lambda \displaystyle\int_{\Gamma_{\text{cathode}}^e} N_i \dfrac{\partial f_c}{\partial \widetilde{\varphi}_e} N_j \mathrm{d}\Gamma & \lambda \displaystyle\int_{\Gamma_{\text{cathode}}^e} N_i \dfrac{\partial f_c}{\partial \widetilde{\varphi}_e} N_m \mathrm{d}\Gamma \\[2.2em]
\lambda \displaystyle\int_{\Gamma_{\text{cathode}}^e} N_j \dfrac{\partial f_c}{\partial \widetilde{\varphi}_e} N_i \mathrm{d}\Gamma & \lambda \displaystyle\int_{\Gamma_{\text{cathode}}^e} N_j \dfrac{\partial f_c}{\partial \widetilde{\varphi}_e} N_j \mathrm{d}\Gamma & \lambda \displaystyle\int_{\Gamma_{\text{cathode}}^e} N_j \dfrac{\partial f_c}{\partial \widetilde{\varphi}_e} N_m \mathrm{d}\Gamma \\[2.2em]
\lambda \displaystyle\int_{\Gamma_{\text{cathode}}^e} N_m \dfrac{\partial f_c}{\partial \widetilde{\varphi}_e} N_i \mathrm{d}\Gamma & \lambda \displaystyle\int_{\Gamma_{\text{cathode}}^e} N_m \dfrac{\partial f_c}{\partial \widetilde{\varphi}_e} N_j \mathrm{d}\Gamma & \lambda \displaystyle\int_{\Gamma_{\text{cathode}}^e} N_m \dfrac{\partial f_c}{\partial \widetilde{\varphi}_e} N_m \mathrm{d}\Gamma
\end{bmatrix}
$$

$$
\begin{cases}
J_a = f_a(\phi) & \Gamma \in \Gamma_{\text{anode}} \\[0.6em]
J_c = f_c(\phi) & \Gamma \in \Gamma_{\text{cathode}} \\[0.6em]
J_{\text{ins}} = 0 & \Gamma \in \Gamma_{\text{ins}}
\end{cases}
$$

$$
\boldsymbol{\Phi}^e = \begin{bmatrix} \varphi_i^e \\[0.6em] \varphi_j^e \\[0.6em] \varphi_m^e \end{bmatrix}
$$

这样，整合起来得到单元泛函的变分方程：

$$
\frac{\partial \Pi(\widetilde{\varphi}_e)}{\partial \varphi_i^e} = \frac{\partial \Pi_1(\widetilde{\varphi}_e)}{\partial \varphi_i^e} + \frac{\partial \Pi_2(\widetilde{\varphi}_e)}{\partial \varphi_i^e} + \frac{\partial \Pi_3(\widetilde{\varphi}_e)}{\partial \varphi_i^e} = 0 \quad (i = i, j, m)
$$

写成矩阵形式：

$$
(\boldsymbol{K}_1^e + \boldsymbol{K}_2^e + \boldsymbol{K}_3^e)\boldsymbol{\Phi}^e = \boldsymbol{P}_2^e + \boldsymbol{P}_3^e \tag{3-52}
$$

或：

$$
\boldsymbol{K}^e \boldsymbol{\Phi}^e = \boldsymbol{P}^e \tag{3-53}
$$

其中：$\boldsymbol{K}^e = \boldsymbol{K}_1^e + \boldsymbol{K}_2^e + \boldsymbol{K}_3^e$ 称为单元刚阵[12]，$\boldsymbol{P}^e = \boldsymbol{P}_2^e + \boldsymbol{P}_3^e$ 称为载荷列阵。

以上是以牺牲阳极为例推导的单元有限元求解列式，外加电流的有限元列式推导过程与之相似，只是由于边界条件不同，而局部处理有些微调。比如，如果单元位于边界，此时电流密度为定值，因此式（3-47）中第三项变为：

$$
\Pi_2(\widetilde{\varphi}_e) = \int_{\Gamma_{\text{anode}}^e} J_{\text{ICCP}} \left(\sum_{i=i}^m N_i \varphi_i^e \right) \mathrm{d}\Gamma
$$

分别对 φ_i^e、φ_j^e、φ_m^e 求偏导，然后汇总起来得到：

$$
\begin{bmatrix}
\dfrac{\partial \Pi_2(\widetilde{\varphi}_e)}{\partial \varphi_i^e} \\[2ex]
\dfrac{\partial \Pi_2(\widetilde{\varphi}_e)}{\partial \varphi_j^e} \\[2ex]
\dfrac{\partial \Pi_2(\widetilde{\varphi}_e)}{\partial \varphi_m^e}
\end{bmatrix}
=
\begin{bmatrix}
\displaystyle\int_{\Gamma_{\text{anode}}^e} J_{\text{ICCP}} N_i \, \mathrm{d}\Gamma \\[2ex]
\displaystyle\int_{\Gamma_{\text{anode}}^e} J_{\text{ICCP}} N_j \, \mathrm{d}\Gamma \\[2ex]
\displaystyle\int_{\Gamma_{\text{anode}}^e} J_{\text{ICCP}} N_m \, \mathrm{d}\Gamma
\end{bmatrix}
\tag{3-54}
$$

令：

$$
\boldsymbol{P}_1^e = -
\begin{bmatrix}
\displaystyle\int_{\Gamma_{\text{cathode}}} J_{\text{ICCP}} N_i \, \mathrm{d}\Gamma \\[2ex]
\displaystyle\int_{\Gamma_{\text{cathode}}} J_{\text{ICCP}} N_j \, \mathrm{d}\Gamma \\[2ex]
\displaystyle\int_{\Gamma_{\text{cathode}}} J_{\text{ICCP}} N_m \, \mathrm{d}\Gamma
\end{bmatrix}
$$

由于这一项不含未知量 φ_i^e、φ_j^e、φ_m^e，因此将作为常数项移到式（3-51）右侧，于是式（3-51）变为：

$$
(\boldsymbol{K}_1^e + \boldsymbol{K}_3^e)\boldsymbol{\Phi}^e = \boldsymbol{P}_1^e + \boldsymbol{P}_2^e + \boldsymbol{P}_3^e
$$

至于恒电位情况，将在下节介绍。

3.4.6 单元刚阵的叠加

所有单元均如此处理，得到各自的形如式（3-52）的方程。然而单元只是求解域的一部分，为了得到整个求解域的方程，还需将这些单元方程集成，其中的关键是单元刚阵集成整体刚阵。

为说明单元刚阵如何叠加为整体刚阵，我们取一几何形状简单的区域加以说明，如图 3-13 所示。该区域划分了 8 个单元、9 个节点。节点整体编号为 1~9，在每个单元内，节点还有局部编号，用圆圈内数字①②③表示。

假设根据前面的推导已经得到各单元的单元刚阵，这里为简单起见只写出单元 a、b、c 的单元刚阵，如式（3-55）~式（3-57）。

在叠加整体刚阵前，先确定整体刚阵的规模。假设求解域内有节点 n 个，每个节点自由度为 I，那么整体刚度矩阵规模为 $nI \times nI$。在这里，节点数为 $n=9$，节点只有电势，因此自由度为 $I=1$，于是矩阵规模为 9×9。在单元刚度矩阵叠加为整体刚度矩阵前，先生成一个空白的 9×9 矩阵，然后确定单元矩阵元素在整体矩阵中的位置，具体方法如下：以单元 a 刚阵元素为例，如图 3-14 所示，k_{13}^a 为单元 a 刚度矩阵的一个元素，下面需要把它安置到整体刚度矩阵中去。首先将单元局部编号换成对应的整体编号，见图 3-14，然后根据整体编号确定元素在整体矩阵中的位置。

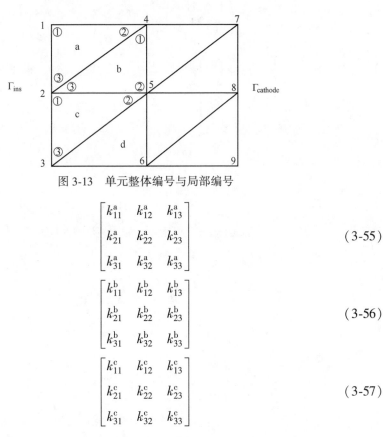

图 3-13 单元整体编号与局部编号

$$\begin{bmatrix} k_{11}^a & k_{12}^a & k_{13}^a \\ k_{21}^a & k_{22}^a & k_{23}^a \\ k_{31}^a & k_{32}^a & k_{33}^a \end{bmatrix} \qquad (3-55)$$

$$\begin{bmatrix} k_{11}^b & k_{12}^b & k_{13}^b \\ k_{21}^b & k_{22}^b & k_{23}^b \\ k_{31}^b & k_{32}^b & k_{33}^b \end{bmatrix} \qquad (3-56)$$

$$\begin{bmatrix} k_{11}^c & k_{12}^c & k_{13}^c \\ k_{21}^c & k_{22}^c & k_{23}^c \\ k_{31}^c & k_{32}^c & k_{33}^c \end{bmatrix} \qquad (3-57)$$

图 3-14 单元刚阵元素编号说明

这样 k_{13}^a 要放到整体矩阵中的第一行、第二列，如图 3-15 所示。其他元素作类似处理，最终单元 a 的刚度矩阵变成图 3-15 所示形式。

单元 b、c 也做类似处理，如图 3-16 和图 3-17 所示，得到整体规模的单元刚阵。接下来将三个矩阵对应元素相加，就得到了叠加后的矩阵，如图 3-18 所示。将求解域所有单元刚度矩阵都如此处理，最终得到整体矩阵，如图 3-19 所示。其中 n 为节点数，$n=9$，即整体矩阵规模为 9×9。

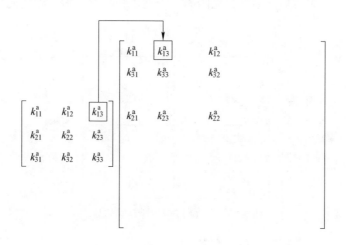

图 3-15　单元 a 刚阵元素向整体刚阵投放

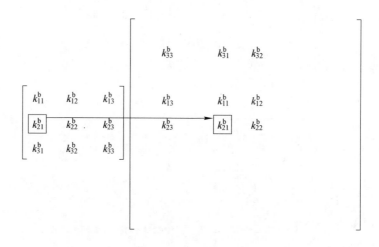

图 3-16　单元 b 刚阵元素向整体刚阵投放

与此类似，单元载荷 $\boldsymbol{P}_a = \begin{bmatrix} p_1^a & p_2^a & p_3^a \end{bmatrix}^T$，也要转为整体载荷向量。由于节点有 9 个，因此单元节点载荷向量的规模为 9×1。在叠加前首先生成一个 9×1 的整体载荷向量，然后将 $\boldsymbol{P}_a$ 中元素局部编号变为整体编号，例如，a 单元载荷元素 $p_3^a \to p_2$，然后根据新编号将 p_3^a 放到整体向量的第二行，如果该位置有其他元素，就叠加起来，比如单元 c 的 $\boldsymbol{P}_c = \begin{bmatrix} p_1^c & p_2^c & p_3^c \end{bmatrix}^T$ 的元素 p_1^c，变为整体编号后为 $p_1^c \to p_2$，因而也放到整体载荷向量的第二行位置，与单元 a 元素 p_3^a 刚好同一位置，因此要叠加起来，即 $p_2 = p_3^a + p_1^c$。其余元素作类似处理，最终得到整体载荷列阵 $\boldsymbol{P} = \begin{bmatrix} p_1 & p_2 & \cdots & p_n \end{bmatrix}^T$。

$$
\begin{bmatrix}
k_{11}^c & k_{13}^c & k_{12}^c \\[2mm]
k_{31}^c & k_{33}^c & k_{32}^c \\[6mm]
k_{21}^c & k_{23}^c & k_{22}^c \\[2mm]
& & \\
& & \\
& & \\
\end{bmatrix}
$$

图 3-17 单元 c 刚阵元素向整体刚阵投放结果

$$
\begin{bmatrix}
k_{11}^a & k_{13}^a & k_{12}^a & & \\
k_{31}^a & k_{33}^a + k_{33}^b + k_{11}^c & k_{13}^c & k_{32}^a + k_{31}^b & k_{32}^b + k_{12}^c \\
& k_{31}^c & k_{33}^c & & k_{32}^c \\
k_{21}^a & k_{23}^a + k_{13}^b & & k_{22}^a + k_{11}^b & k_{12}^b \\
& k_{23}^b + k_{21}^c & k_{23}^c & k_{21}^b & k_{22}^b + k_{22}^c \\
\end{bmatrix}
$$

图 3-18 单元 a、b、c 刚阵叠加

$$
\begin{bmatrix}
k_{11} & k_{12} & \cdots & k_{1i} & \cdots & k_{1n} \\
k_{21} & k_{22} & \cdots & k_{2i} & \cdots & k_{2n} \\
\vdots & \vdots & & \vdots & & \vdots \\
k_{i1} & k_{i2} & \cdots & k_{ii} & \cdots & k_{in} \\
\vdots & \vdots & & \vdots & & \vdots \\
k_{n1} & k_{n2} & \cdots & k_{ni} & \cdots & k_{nn} \\
\end{bmatrix}
$$

图 3-19 单元刚阵叠加成整体刚阵

所有单元处理完毕后，就会形成如下一个类似于式（3-58）的关于所有节点电势的方程组：

$$\begin{bmatrix} k_{11} & k_{12} & \cdots & k_{1i} & \cdots & k_{1n} \\ k_{21} & k_{22} & \cdots & k_{2i} & \cdots & k_{2n} \\ \vdots & \vdots & & \vdots & & \vdots \\ k_{i1} & k_{i2} & \cdots & k_{ii} & \cdots & k_{in} \\ \vdots & \vdots & & \vdots & & \vdots \\ k_{n1} & k_{n2} & \cdots & k_{ni} & \cdots & k_{nn} \end{bmatrix} \begin{bmatrix} \varphi_1 \\ \varphi_2 \\ \vdots \\ \varphi_i \\ \vdots \\ \varphi_n \end{bmatrix} = \begin{bmatrix} p_1 \\ p_2 \\ \vdots \\ p_i \\ \vdots \\ p_n \end{bmatrix} \qquad (3\text{-}58)$$

通过计算机求解该方程组，就得到了求解域内所有节点的电势。

不过有些情况下，还需对方程组施加边界体条件。比如，外加电流保护中，如果属于恒电位方法，则边界上某些点的电势为已知，还要把这一条件施加进去。现假设边界点 i 电势已知，如图 3-11 所示，即 $\varphi_i = \bar{\varphi}$，那么应在上面的方程里作如下处理：

将整体刚度矩阵元素 k_{ii} 换成 1，然后将第 i 行、第 i 列的其他元素置为 0，与此同时方程右侧的载荷列阵第 i 行元素 p_i 变为 $\bar{\varphi}$，其他行元素则均减去 $k_{mi}\bar{\varphi}$（$m = 1,2,\cdots,n$），最后结果如下：

$$\begin{bmatrix} k_{11} & k_{12} & \cdots & 0 & \cdots & k_{1n} \\ k_{21} & k_{22} & \cdots & 0 & \cdots & k_{2n} \\ \vdots & \vdots & & \vdots & & \vdots \\ 0 & 0 & \cdots & 1 & \cdots & 0 \\ \vdots & \vdots & & \vdots & & \vdots \\ k_{n1} & k_{n2} & \cdots & 0 & \cdots & k_{nn} \end{bmatrix} \begin{bmatrix} \varphi_1 \\ \varphi_2 \\ \vdots \\ \varphi_i \\ \vdots \\ \varphi_n \end{bmatrix} = \begin{bmatrix} p_1 - k_{1i}\bar{\varphi} \\ p_2 - k_{2i}\bar{\varphi} \\ \vdots \\ \bar{\varphi} \\ \vdots \\ p_n - k_{ni}\bar{\varphi} \end{bmatrix}$$

经过这样处理后，就可以用计算机求解了。

3.4.7　方程组求解

得到了以节点电势为未知量的方程组，在施加完边界条件后就可以求解了。求解方程组有很多种方法，现在，很多有限元软件都会自动根据问题的性质、特点，选择合适的求解方法，不需要读者特地去设置；另外，如何求解方程，涉及数值分析领域，这也是一个庞大的体系，难以详述，因此这里只简单介绍一下方程组的基本解法，不做过深的探讨，读者有兴趣可以查阅相关的资料[13]。

3.4.7.1　线性方程组的解法

所谓线性方程组，就是未知数前面系数为常数的方程组，这类方程组求解比较容易，主要方法有直接法和迭代法。

A 直接法

直接法就是我们熟知的加减消元法，主要包括高斯消元法、列主消元法、三角分解法、平方根法和追赶法。这些方法，只是根据各种方程的特点，进行了发展、改进，但没有本质的不同。

B 迭代法

由于计算机字节位数有限，因此数据一般有舍入误差，因此通过直接法求得的结果存在误差，为了尽量减少误差而采用迭代法，主要有 Jacobi 迭代法、Guass-Seidel 迭代、超松弛迭代（SOR）法等。这些方法也是为了提高精度和收敛性速度而发展的方法，本质上并无不同，其原理如下。

设有一个方程组 $Ax = b$ ，将其改写成如下形式：

$$x = Bx + f$$

然后构造迭代方程：

$$x^{(k+1)} = Bx^{(k)} + f \tag{3-59}$$

式中 B——迭代矩阵；

k——迭代次数。

具体的解法是从某个初始解 $x^{(0)}$ 出发计算出 $x^{(1)}$ ，$x^{(1)}$ 向真实解逼近了一步，然后利用 $x^{(1)}$ 再计算出 $x^{(2)}$ ，诸如此类，反复迭代，一直到 $|x^{(k+1)} - x^{(k)}| \leqslant err$ ，计算结束，err 为给定的收敛误差限。下面举一个简单例子，说明计算过程。设有一个二元一次方程组：

$$\begin{cases} 3x_1 + 4x_2 = 5 \\ 5x_1 + 2x_2 = 7 \end{cases} \tag{3-60}$$

该方程组精确解为 （9/7,2/7）。现采用迭代法求解，构造迭代形式如下：

$$\begin{cases} x_1 = -\dfrac{4}{3}x_2 + \dfrac{5}{3} \\ x_2 = -\dfrac{5}{2}x_1 + \dfrac{7}{2} \end{cases}$$

从一个初始解 $x_1^{(0)} = \dfrac{2}{3}$ 出发，通过上述方程得到一近似解：

$$\begin{cases} x_1 = \dfrac{2}{3} \\ x_2 = -\dfrac{5}{2}x_1^{(0)} + \dfrac{7}{2} \end{cases}$$

然后将它再代入方程组，就会得到另一近似解，如此迭代下去，直至 $|x^{(k+1)} - x^{(k)}| \leqslant err$ ，得到满足误差条件的近似解。其迭代过程如图 3-20 中箭头所示。

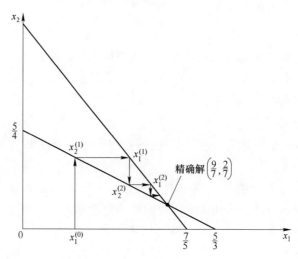

图 3-20　线性方程组迭代求解过程

3.4.7.2　非线性方程组解法

线性方程组是指未知数的系数不再是常数，而是和未知数耦合在一起的方程组，以我们常见的非线性方程 $f(x) = x^2$ 为例，该方程可改写成如下形式：

$$f(x) = x^2 = x \times x = k(x) \times x \tag{3-61}$$

因此，变量 x 前面的系数 $k(x)$ 不再是常数，曲线斜率是随自变量 x 变化的，所谓非线性就是这个意思。

这类方程使用迭代方法求解，迭代的核心思想是构造迭代方程。现将方程式（3-61）进行泰勒展开：

$$f(x) = f(x_0) + f'(x_0)(x - x_0) + \frac{1}{2!}f''(x_0)(x - x_0)^2 + \cdots +$$

$$\frac{1}{n!}f^{(n)}(x_0)(x - x_0)^n + \cdots$$

取前两项：

$$f(x) = f(x_0) + f'(x_0)(x - x_0)$$

由于 $f(x) = 0$，因此 $f(x_0) + f'(x_0)(x - x_0) = 0$。将该式变形为：

$$x = x_0 - \frac{f(x_0)}{f'(x_0)}$$

这就是非线性方程的迭代方程，$x^{(1)}$ 是 $x^{(0)}$ 的改进解。一般地将上式写成：

$$x^{(k+1)} = x^{(k)} - \frac{f(x^{(k)})}{f'(x^{(k)})} \tag{3-62}$$

迭代过程如图 3-21 所示，从初始解 $x^{(0)}$（一般靠经验的猜测，越接近真解

x^* 越好）出发，计算出 $f'(x_0)$，然后根据式（3-62）求得近似解 $x^{(1)}$；然后再从 $x^{(1)}$ 出发重复上述步骤，直至逼近真解 x^*。

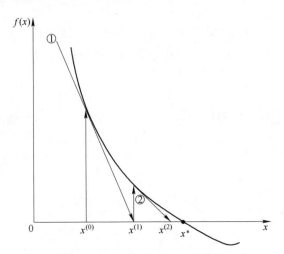

图 3-21　Newton-Raphson 迭代法

　　这种方法的实质是，每一步迭代都是在曲线的 $x^{(1)}$ 处产生一条切线，如图中直线①，斜率为 $f'(x_0)$。这条切线就作为曲线的一个近似，然后求这条切线与 x 轴的交点 $x^{(1)}$，$x^{(1)}$ 就是真解的一个近似解；然后再从 $x^{(1)}$ 出发，在曲线的 $x^{(2)}$ 处再作一条切线，如图中的切线②，切线②作为曲线的又一个近似，解出近似解 $x^{(2)}$；然后再从 $x^{(2)}$ 出发，重复上述步骤直至 $\left(\dfrac{9}{7}, \dfrac{2}{7}\right)$，从而得到 x^* 的近似解 $x^{(k+1)}$。这种方法称为 Newton-Raphson 方法，很多迭代方法都是从这种方法演变来的。

3.5　单元的完备性和相容性

　　前面我们一直使用了三角形单元，并讨论了形函数的构造。读者可能注意到了，形函数的个数和单元节点个数一样多，这是为什么呢？这就需要从单元必须满足的性质说起了。

　　在前面的讨论中我们多次提到单元及其插值函数。实际上，我们还可以从单元的完备性和相容性角度来探讨插值函数的形式，这有利于更深入理解单元插值函数的构造原则。

　　所谓完备性，就是单元插值函数应能反映实际物理场的情况[14]。以三角形单元为例，当单元尺寸趋于无穷小时，单元将趋于一点，这时电势场将趋于一点的电势，即为常数。因此，作为单元插值函数应能反映出这一点，即：当 $x \to 0$、$y \to 0$ 时，$\widetilde{\varphi}_e \to \beta_1$。因此插值函数必须具备如下形式：

$$\varphi_e = \beta_1 + \beta_2 x + \beta_3 y \tag{3-63}$$

这就是 3.4.5 节中，单元电势近似解为什么写成式（3-45）的原因。式（3-45）就是式（3-63）。

因此，完备性也可以理解为 T^e 中包括多少项，这可以通过图 3-22 中的帕斯卡三角形来确定。如果考虑一阶完备性的话，函数应包含三角形①内的 1、x、y 三项，再分别乘以待定系数 β_1、β_2、β_3，就得到了式（3-63）。如果想把单元精度提高，可以考虑二阶完备性，即把三角形②包含的 1、x、y、x^2、xy、y^2 6 项引入方程，单元电势近似解为：

$$\varphi^e = ax + by + c + dx^2 + exy + fy^2 \tag{3-64}$$

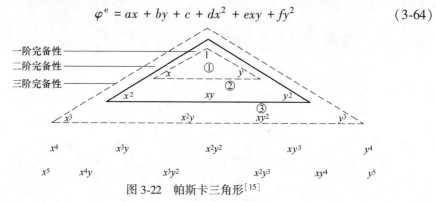

图 3-22　帕斯卡三角形[15]

因此当考虑一阶完备性时，待定系数的个数和节点个数一样多，将三个点的电势和坐标值代入式（3-63）中，就可以得到下面的方程组：

$$\begin{cases} \varphi_i^e = \beta_1 + \beta_2 x_i + \beta_3 y_i \\ \varphi_j^e = \beta_1 + \beta_2 x_j + \beta_3 y_j \\ \varphi_m^e = \beta_1 + \beta_2 x_m + \beta_3 y_m \end{cases} \tag{3-65}$$

解式（3-65），就可以确定待定系数 β_1、β_3、β_3，因此单元可解。

而考虑二阶完备性的话，由于式（3-64）中待定系数为 6 个，多于单元节点个数，因而无法确定待定系数，因此单元插值函数无法得到，除非增加三角形节点个数，如图 3-23b 所示，达到 6 个，待定系数才能确定，当然此时的单元已经不是三节点单元了。

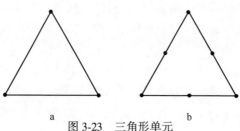

图 3-23　三角形单元

a—三节点三角形单元；b—六节点三角形单元

上面讨论了完备性，而单元的相容性，就是要保证相邻单元公共边唯一，即单元之间不能出现开裂或重叠[16]。式（3-63）能够满足这一要求。在单元公共边上，变量 x 和 y 必然符合某一直线方程，比如 $y = mx + n$，代入式（3-63）得：

$$\varphi^e = \beta_1 + \beta_2 x + \beta_3 (mx + n)$$

由于 β_1、β_2、β_3 已经求得，因此只需确定 m 和 n，这只需要两个节点信息就够了，而相邻单元公共边恰好具有两个公共点，因此公共边唯一，因而相容性满足。

3.6　常用单元简介

3.6.1　二维单元

常用的二维单元除了上面介绍的三角形单元外，矩形单元也是常用单元，矩形单元虽不及三角形单元能适应曲线边界，但其计算精度较高，因此也是广泛使用的一种单元[17]。如图 3-24 所示为一矩形单元，为研究方便，在矩形单元中心点建立局部直角坐标 $\xi o \eta$。

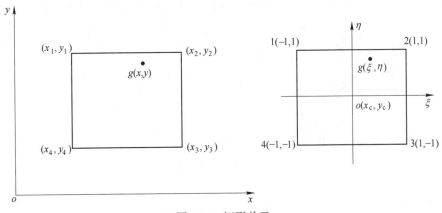

图 3-24　矩形单元

根据图 3-23 所示的帕斯卡三角形（此时 x、y 换成 ξ、η），由于单元有 4 个节点，因此可取二阶完备性，但由于单元节点仅为 4 个，由上节讨论已知，不能全取 1、ξ、η、$\xi\eta$、ξ^2、η^2 这 6 项，必须舍弃两个，在这里选取 1、ξ、η、$\xi\eta$，而舍弃 ξ^2、η^2，这样做是由各项同性决定的，即方程中变量 ξ 和 η 是平等的，哪一方也不占优势，引进 $\xi\eta$ 这一项使得方程对称、均匀。这样，单元插值函数可表示为：

$$\varphi^e(\xi, \eta) = c + a\xi + b\eta + d\xi\eta \tag{3-66}$$

将单元 4 个节点坐标电势代入式（3-64），就可以求出待定系数。不过，这一过程推导比较麻烦，我们可以采用更加简便的方法。

可以将单元的一条边看成一维单元，按照一维单元形函数构造方法 [可参见式 (3-2)] 构造二维矩形单元形函数。一维情况下，形函数表达式为：

$$N_i(x) = \prod_{j=1,j\neq i}^{n} \frac{x - x_j}{x_i - x_j}$$

选择图 3-24 中的 12 边，把此边看成一维单元，把 x、y 换成 ξ、η，形函数可写成：

$$N_i(\xi) = \prod_{j=1,j\neq i}^{n} \frac{\xi - \xi_j}{\xi_i - \xi_j} \tag{3-67}$$

当 i 分别取 1、2 时：

$$N_1(\xi) = \frac{\xi - \xi_2}{\xi_1 - \xi_2} = \frac{\xi - 1}{-1 - 1} = \frac{1 - \xi}{2}$$

$$N_2(\xi) = \frac{\xi - \xi_1}{\xi_2 - \xi_1} = \frac{\xi - (-1)}{1 - (-1)} = \frac{1 + \xi}{2}$$

同理，图 3-24 的 14 边，其形函数与式 (3-67) 类似，只是沿 η 方向：

$$N_i(\eta) = \prod_{j=1,j\neq i}^{n} \frac{\eta - \eta_j}{\eta_i - \eta_j}$$

当 i 分别取 1、4 时：

$$N_1(\eta) = \frac{\eta - \eta_4}{\eta_1 - \eta_4} = \frac{\eta - (-1)}{1 - (-1)} = \frac{1 + \eta}{2}$$

$$N_4(\eta) = \frac{\eta - \eta_1}{\eta_4 - \eta_1} = \frac{\eta - 1}{-1 - 1} = \frac{1 - \eta}{2}$$

综合起来，1 点的形函数为：

$$N_1(\xi,\eta) = N_1(\xi)N_1(\eta) = \frac{1 - \xi}{2}\frac{1 + \eta}{2} = \frac{1}{4}(1 - \xi)(1 + \eta)$$

2~4 点形函数的构造与此类似，最后得到：

$$N_1(\xi,\eta) = \frac{1}{4}(1 - \xi)(1 + \eta)$$

$$N_2(\xi,\eta) = \frac{1}{4}(1 + \xi)(1 + \eta)$$

$$N_3(\xi,\eta) = \frac{1}{4}(1 + \xi)(1 - \eta)$$

$$N_4(\xi,\eta) = \frac{1}{4}(1 - \xi)(1 - \eta)$$

因此，单元插值函数为：

$$\varphi^e(\xi,\eta) = N_1(\xi,\eta)\varphi_1^e + N_2(\xi,\eta)\varphi_2^e + N_3(\xi,\eta)\varphi_3^e + N_4(\xi,\eta)\varphi_4^e \tag{3-68}$$

上式的自变量是局部坐标系下的，还必须将其映射到整体坐标系 *xoy* 中，为此，需要建立局部坐标系和整体坐标系下点与点的映射关系。在图 3-24 中任取一点 g，在整体坐标系下坐标为 (x,y)，在局部坐标系下坐标为 (ξ,η)，二者坐标映射关系为：

$$\begin{cases} x = N_1(\xi,\eta)x_1 + N_2(\xi,\eta)x_2 + N_3(\xi,\eta)x_3 + N_4(\xi,\eta)x_4 \\ y = N_1(\xi,\eta)y_1 + N_2(\xi,\eta)y_2 + N_3(\xi,\eta)y_3 + N_4(\xi,\eta)y_4 \end{cases}$$

由以上可知矩形单元插值函数为二次函数，故电势的梯度不是常数，这比较接近实际情况，因而精度较高，但是根据帕斯卡三角形确定插值函数项数时舍弃了 ξ^2、η^2 两项，因此精度没有达到更高。

3.6.2 三维单元

当遇到三维问题时，需采用三维单元。由于维数的增加，单元的种类也相应增加。如图 3-25 所示为常用的三维单元。实际上，a、b、c 可看成是 d 的特殊情况。在实际应用中，常使用的是 a 和 d 单元，有时则是这几种单元的混用。

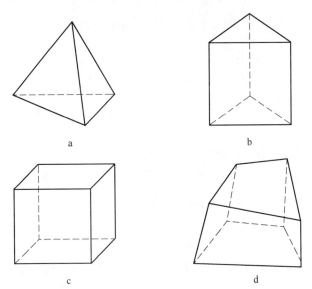

图 3-25　常用的三维单元

3.6.2.1　四面体单元

四面体单元与二维三角形单元类似，对曲面边界有较好的适应性，因而在三维问题中被广泛使用[18]。构造四面体单元形函数时，采用了体积坐标方法。如图 3-26 所示为一四面体单元，p 为四面体内任意一点。以四面体每四个面为底面，以 p 点为顶点，就构成了四个小四面体，即 $p\text{-}mik$、$p\text{-}ijk$、$p\text{-}imj$、$p\text{-}mjk$。它

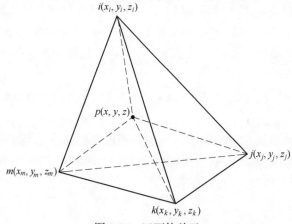

图 3-26　四面体单元

们的体积和总体积的比分别为：

$$\frac{V_{p\text{-}mik}}{V},\ \frac{V_{p\text{-}ijk}}{V},\ \frac{V_{p\text{-}imj}}{V},\ \frac{V_{p\text{-}mjk}}{V}$$

当 p 点在四面体内移动时，各体积比也在发生变化，但一直有：

$$\frac{V_{p\text{-}mik}}{V}+\frac{V_{p\text{-}ijk}}{V}+\frac{V_{p\text{-}imj}}{V}+\frac{V_{p\text{-}mjk}}{V}=1$$

成立，尤其当 p 点与某一顶点（如 i 点）重合时，体积比为：

$$\frac{V_{p\text{-}mik}}{V}=0,\ \frac{V_{p\text{-}ijk}}{V}=0,\ \frac{V_{p\text{-}imj}}{V}=0,\ \frac{V_{p\text{-}mjk}}{V}=1 \tag{3-69}$$

根据这个性质，可以将式（3-69）作为 i 点的形函数，即 $N_i=\dfrac{V_{p\text{-}mjk}}{V}$，其他点的

形函数也做类似定义。

　　根据立体几何知识，四面体 $ijmk$ 的体积为[19]：

$$V=\frac{1}{12}\big[\,ab(b+c+e+f-a-d)+be(a+c+d+f-b-e)+$$

$$cf(a+b+d+e-c-f)-abf-bcd-ace-def\,\big]^{\frac{1}{2}}$$

其中：

$$a=(x_i-x_m)^2+(y_i-y_m)^2+(z_i-z_m)^2$$
$$b=(x_i-x_j)^2+(y_i-y_j)^2+(z_i-z_j)^2$$
$$c=(x_i-x_k)^2+(y_i-y_k)^2+(z_i-z_k)^2$$
$$b=(x_j-x_k)^2+(y_j-y_k)^2+(z_j-z_k)^2$$
$$e=(x_m-x_k)^2+(y_m-y_k)^2+(z_m-z_k)^2$$
$$f=(x_j-x_m)^2+(y_j-y_m)^2+(z_j-z_m)^2$$

其他的小四面体体积可类比推出。

这样，四面体单元电势场插值函数为：

$$\varphi^e(\xi,\eta,\zeta) = N_1(\xi,\eta,\zeta)\varphi_i^e + N_2(\xi,\eta,\zeta)\varphi_j^e + N_3(\xi,\eta,\zeta)\varphi_m^e +$$
$$N_4(\xi,\eta,\zeta)\varphi_k^e \tag{3-70}$$

3.6.2.2 立方体

图 3-27 所示为立方体单元，为研究方便，仿照二维矩形单元，建立局部三维坐标系 $o\xi\eta\zeta$，建立的方法同二维相似。

三维立方体单元可以看成二维矩形单元的扩展[20]，因此其形函数的构造也与二维矩形单元类似，只是因为节点有 8 个，形函数的个数也变为 8 个。下面只给出结果，读者有兴趣可自行推导。

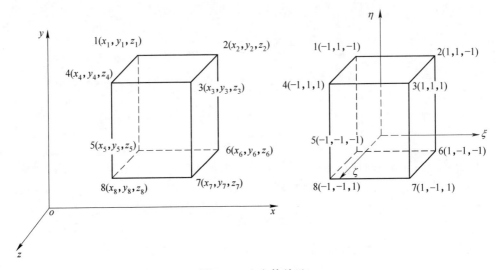

图 3-27 立方体单元

$$N_1(\xi,\eta,\zeta) = \frac{1}{8}(1-\xi)(1+\eta)(1-\zeta)$$

$$N_2(\xi,\eta,\zeta) = \frac{1}{8}(1+\xi)(1+\eta)(1-\zeta)$$

$$N_3(\xi,\eta,\zeta) = \frac{1}{8}(1+\xi)(1+\eta)(1+\zeta)$$

$$N_4(\xi,\eta,\zeta) = \frac{1}{8}(1-\xi)(1+\eta)(1+\zeta)$$

$$N_5(\xi,\eta,\zeta) = \frac{1}{8}(1-\xi)(1-\eta)(1-\zeta)$$

$$N_6(\xi, \eta, \zeta) = \frac{1}{8}(1 + \xi)(1 - \eta)(1 - \zeta)$$

$$N_7(\xi, \eta, \zeta) = \frac{1}{8}(1 + \xi)(1 - \eta)(1 + \zeta)$$

$$N_8(\xi, \eta, \zeta) = \frac{1}{8}(1 - \xi)(1 - \eta)(1 + \zeta)$$

读者可以自行验证，这些形函数具有如下性质：

$$N_i(\xi_j, \eta_j, \zeta_j) = \delta_{ij}(i, j = 1, \cdots, 8)$$

这样，六面体内任一点电势插值函数为：

$$\varphi^e(\xi, \eta, \zeta) = \sum_{i=1}^{8} N_i(\xi, \eta, \zeta)\varphi_i^e \tag{3-71}$$

同二维矩形单元类似，也存在局部坐标系和整体坐标系之间点的映射问题，三维点 (ξ, η, ζ) 映射到整体坐标系下的公式为：

$$\begin{cases} x = \sum_{i=1}^{8} N_i(\xi, \eta, \zeta)x_i \\ y = \sum_{i=1}^{8} N_i(\xi, \eta, \zeta)y_i \\ z = \sum_{i=1}^{8} N_i(\xi, \eta, \zeta)z_i \end{cases}$$

有限元中的单元有很多种，这里只介绍几种常用、简单的单元，关于更多、更复杂的单元，读者可以查阅相关有限元著作。

参 考 文 献

[1] 谢处方，饶克谨. 电磁场与电磁波 [M]. 2 版. 北京：高等教育出版社，2008.

[2] 徐立勤，曹伟. 电磁场与电磁波理论 [M]. 2 版. 北京：科学出版社，2010.

[3] 赵凯华，陈熙谋. 电磁学 [M]. 北京：高等教育出版社，2003.

[4] 张洪信. 有限元基础理论与 ANSYS 应用 [M]. 北京：机械工业出版社，2006.

[5] 同济大学数学教研室. 高等数学 [M]. 3 版. 北京：高等教育出版社，1988.

[6] 蒋兴国，吴延东. 高等数学 [M]. 3 版. 北京：机械工业出版社，2011：124.

[7] 郭永康. 光学 [M]. 北京：高等教育出版社，2005.

[8] 姚玉洁. 量子力学 [M]. 北京：高等教育出版社，2014.

[9] 张荣庆. 变分学讲义 [M]. 北京：高等教育出版社，2011.

[10] 欧维义，陈维均，金俊德. 高等数学（第一册）[M]. 长春：吉林大学出版社，1987.

[11] 谢龙汉，耿煜，邱婉. ANSYS 电磁场分析 [M]. 北京：电子工业出版社，2012.

[12] 王新荣，陈永波. 有限元法基础与 ANSYS 应用 [M]. 北京：科学出版社，2008：73.

[13] 王开荣，杨大地. 应用数值分析 [M]. 北京：高等教育出版社，2010.

［14］赵经文，王宏钰．结构有限元［M］．哈尔滨：哈尔滨工业大学出版社，1988.

［15］高耀东，张玉宝，任学平．有限元理论及 ANSYS 应用［M］．北京：电子工业出版社，2016.

［16］赵经文，王宏钰．结构有限元分析［M］．北京：科学出版社，2001.

［17］赵维涛，陈孝珍．有限元法基础［M］．北京：科学出版社，2009.

［18］蔡国梁，苗宝军，史雪荣．解析几何教程［M］．苏州：江苏大学出版社，2012.

［19］张昭，蔡志勤．有限元方法与应用［M］．大连：大连理工大学出版社，2011.

［20］聂武，孙丽萍．船舶计算结构力学［M］．哈尔滨：哈尔滨工程大学出版社，1998.

4　海水管路浓差腐蚀机制研究

4.1　概述

我国有着300多万平方公里的海洋面积，海洋对国家的安全和经济的发展有着非常重要的意义。然而在近代，海洋带给中国人民的回忆多是痛苦的：西方列强多次从海上入侵我国，使我国沦为半封建半殖民地社会；甲午战争失败，割地赔款，更是将中华民族推入万劫不复的深渊，这是令每个中国人都痛心疾首的。究其原因，是因为国家的海上力量不够强大，有海无防，以至于海岸线被频频突破。新中国成立后，建立一支强大的海军一直是我国政府坚定不移的奋斗目标。如今在党的领导下，我国已经建立了一支强大的人民海军，国家的海洋权益得到了充分的保障，有海无防的历史一去不复返了。

这一局面来之不易，而要把它维持下去，海军必须时刻保持强大的战斗力。海军武器装备是战斗力的重要组成部分。我们知道，海军的舰船、潜艇等常年在海中服役，海水是一种腐蚀性很强的电解质，对由金属材料制成的各种海装有着很强的腐蚀性，因此海军战斗装备的防腐研究就显得十分重要。在众多的装备中，海水管路是一种很常见的零部件，它的腐蚀有一定的特殊性。其特殊性在于：管道细长，内部管壁无法涂刷防腐涂料，因此防腐难度较大。浓差腐蚀在管路腐蚀中占据相当大的比例，因此研究这种腐蚀的产生机制，对管路防腐有重大意义。

浓差腐蚀是一种重要的腐蚀机制，它的起因是电解液中氧浓度的不均匀分布[1]。例如，浸没在海水中的构件，由于海水表面氧的浓度要高于深处的氧浓度，因此构件上部的腐蚀电位要高于下部，这样在构件上下部位之间就产生了电位差，从而引起电子的传输，导致构件产生腐蚀。一般来说，浓差腐蚀只有在氧的浓度差别达到一定程度时才能发生，另外测量溶液各处氧的浓度也不容易，因此在一般情况下，都忽略这种腐蚀。不过当研究对象处于复杂环境下，以至于氧的分布很不均匀时，则必须考虑浓差腐蚀，而且有些奇特的腐蚀现象也只有用这种机制才能解释清楚。比如，Matsumura[2]对日本美滨核电站的失效管道进行了研究，发现这些管道的外肘部首先出现减薄乃至破损。这一结果用传统的流动加速腐蚀理论难以解释。传统理论认为[3]，在管道内弯处由于流体的流速较快，剪切力较大，因此边界层较薄，同时该处氧的浓度也较高，因此该处氧的浓度梯度较大，传质速度较快，故式（4-2）的电化学反应速度较快，由于式（4-1）的反应与式（4-2）的反应耦合在一起，因此反应（4-1）也自然随之加快，故腐蚀速度加大，所以管道内弯处应最先被破坏。但事实正好相反，最先出现减薄乃至破损的却是弯管外肘部，这一矛盾结果只有用浓差腐蚀机制才能解释清楚。

由于浓差腐蚀机制比较复杂，研究难度较大，因此关于这方面的报道并不多。目前在这一领域取得的研究成果主要有：苏方腾[4]研究了低合金钢在海水中的氧浓差腐蚀，找到了腐蚀电流和低合金钢电化学性质之间的定量关系，并计算了腐蚀电流大小；刘焱等人[5]研究了 Q235 钢在污染土壤中的氧浓差腐蚀行为，表明砂土中的 Q235 钢自然腐蚀速度比黏土中钢的自然腐蚀速度要大，但当二者构成腐蚀原电池后，黏土中钢的腐蚀速度变大，而砂土中的变小；谢建辉等人[6]研究了 A3（Q235）钢的氧浓差宏电池的腐蚀作用；郭津年等人[7]研究了低合金钢在海水中的氧浓差腐蚀；J. De Gruyter 等人[8]研究了同种电极材料在不同氧浓度的 NaCl 溶液中的宏电池腐蚀。他们的研究结果都表明，浓差引起的腐蚀电流要远高于自然腐蚀电流。

Š. Msallamová 和 P. Novák 等人[9]研究了 3% NaCl 溶液中，处于富氧区（aerated zone，AZ）的电极和处于贫氧区（no aerated zone，NAZ）电极腐蚀速度，发现处于惰性电解液中的 AZ 电极的腐蚀速度下降到 0.01mm/a，远低于NAZ 电极的 0.12mm/a，并指出产生这一结果的原因是阴极碱化导致的表面钝化；不过，如果在非惰性电解液中，由于阴极附近电解液和阳极附近电解液不断混溶，则阴极的腐蚀速度要慢于阳极，差距可达 7 倍！

J. I. Martins 和 M. C. Nunes[10]研究了不同 pH 值的碳酸盐溶液中，同种材料构成的原电池的氧的浓差腐蚀，得到很有价值的结论：（1）混合电位理论（mixed potential theory）适用于浓差腐蚀过程；（2）处于 AZ 区的电极的腐蚀速度和处于 NAZ 的电极腐蚀速度相等。另外在 pH 值为 5 和 75 时，DAC 电流可忽略，腐蚀电流主要来自 LAC，只有当 pH 值达到 125 时，DAC 电流才和 LAC 电流达到同一数量级；（3）尽管溶液 pH 值不同，但 AZ 区的电极电位和 NAZ 区的电极电位趋于相等（忽略溶液电阻）。

以上研究主要在实验室条件下，氧的浓度差别是靠人工控制的，并假设在各自的原电池中，氧的浓度分布均匀。而在实际工程中，氧的分布要远比实验条件下复杂，比如海水管路中的流体，其中溶解有一定体积分数的氧，当流体流动时，剧烈的湍流往往会引起氧的复杂分布，即使管道形状并不复杂，但其氧的分布也是很复杂的。在管道表面轴向和周向氧的分布都处于不均匀状态，因此浓差腐蚀是一个复杂的二维问题，实验室条件下的研究远不能满足实际工程的需要。

为了研究复杂情况下的浓差腐蚀，有的学者采用数值模拟的方法。例如陆晓峰等人[11]提出了一个预测异径管流动加速腐蚀的模型，该模型根据异径管两端氧浓度的不同，将浓差腐蚀的理念引入传统的 FAC 模型中，计算了异径管区段的腐蚀速度。朱晓磊等人[12]对核电站一回路管道弯部的腐蚀速度进行了模拟预测，根据弯管内弯和外肘存在氧浓差这一事实，提出了浓差腐蚀模型。该模型认为在内弯和外肘之间存在一个很薄的离子导电层，它和管道本体组成电子传导回路，据此该模型采用文献［13］中提出的解析方法，计算了内弯和外肘之间导电通路上若干点的腐蚀速度，结果表明，在考虑浓差腐蚀的情况下，腐蚀电流要比不考虑浓差腐蚀的腐蚀电流高一个数量级，这导致外肘部将先行被腐蚀破坏，正好验证了文献［2］的结果。这说明在氧的分布不均匀性达到一定程度时，必须考虑浓差引起的电偶（宏电池）腐蚀。

这些模拟研究都是将模型简化为一维，而在实际工程中氧的不均匀分布大多是二维的。管道中流体流动时，由于重力、压力等的作用，流体中的氧将集中分布在管道上部，且在轴向和周向都存在不均匀分布，因此氧的浓差腐蚀应该是二维问题，不能简化为一维问题。简化导致研究的问题简单化，不能真正反映问题的实质，结果肯定不准确。如果要更为准确地研究二维浓差腐蚀，必须建立一个二维模型。不过由于二维浓差腐蚀机制非常复杂，目前尚没有合适的模型提出，这方面的研究基本为空白，本书力图填补这一空白。本书在参考前人提出的一维模型基础上结合文献［13］的公式，根据电学里面最基本的基尔霍夫定律[14]，提出了新的浓差腐蚀的二维模型，并推导了偏微分方程，然后结合有限元技术对管道流体浓差腐蚀进行了数值计算，求出了腐蚀电流的分布，揭示了浓差腐蚀机制。以下是这一研究过程的详细介绍。

4.2　浓差腐蚀机制

浓差腐蚀产生的原因在于氧在电解液中的不均匀分布。海水中溶解有一定体积分数的氧，氧是一种氧化能力很强的氧化剂，因此当钢铁构件浸没在海水中时，组织中的电子（金属材料中有大量的自由电子，因为"自由"，因此很容易被强氧化剂夺取）容易被氧夺取，因而钢铁构件从组织上讲不再"完整"（至少不再保持电中性），因此处于晶格位置的铁离子也不再"牢固"，很容易被溶液中的水等极性分子"拉入"水中，从而使基体遭到破坏，腐蚀随之发生。由此可见，溶液中氧的浓度高低决定了腐蚀程度的大小，浓度高的地方，构件被腐蚀得厉害些，反之就不厉害。因此问题似乎很简单，只要将构件不同部位的氧浓度测量或计算出来，那么构件的腐蚀情况就基本清楚了。但实际上问题没有这么简单，这是因为，虽然构件不同部位腐蚀情况与该处的氧浓度有关，但这些部位并不是彼此孤立的，而是彼此关联的。例如：氧浓度较高的部位，材料的腐蚀电位较高，而浓度较低的部位，腐蚀电位较低。如果这些部位彼此孤立，那么问题就十分简单，不同部位有各自的腐蚀电位和腐蚀电流（以下称为自然腐蚀电位和自然腐蚀电流）。但是，考虑到这些部位是彼此相连的，因此在电位差的驱动下，部位之间将产生电流，原来孤立的情况将发生变化，电位和电流将重新分布，情况变得十分复杂。这都是由于氧的浓度差异造成的，因此称为浓差腐蚀，下面用一个简单的实验对这种腐蚀机制做一说明。

图 4-1a 是用隔绝性能良好的膜将盛有海水的容器分为左右两个部分，将相同材质的两块铁片分别浸没在两侧，然后通过特定装置向两侧注入浓度不等的氧气，并保持 $c_{O_2,2} > c_{O_2,1}$。如果只考虑氧的氧化，则两边存在如下电化学反应：

$$2Fe \longrightarrow 2Fe^{2+} + 4e \tag{4-1}$$

$$O_2 + 2H_2O + 4e \longrightarrow 4OH^- \tag{4-2}$$

如果反应（4-1）单独存在，则有自己的平衡电位、交换电流密度和塔菲尔斜率，假设分别为 $E_{e,a}$、$I_{0,a}$、β_a；同理反应（4-2）单独存在时也有自己的平衡电位、交换电流密度和塔菲尔斜率，假设分别为 $E_{e,c}$、$I_{0,c}$、β_c，具体数据参见表 4-1。

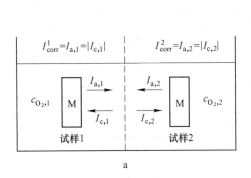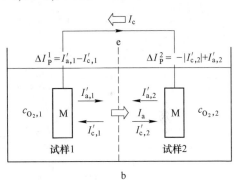

图 4-1　浓差腐蚀研究装置

a—隔绝情况下的电化学反应；b—耦合情况下的电化学反应

由于中间膜的隔绝作用，两边的反应彼此独立，互不干涉。但是不论是左边还是右边，如果这两个反应耦合在一起的话，则会产生混合电位（腐蚀电位）E_{corr} 和腐蚀电流 I_{corr}。一般情况下，E_{corr} 偏离平衡电位 $E_{e,a}$、$E_{e,c}$ 较远，因此可以忽略这两个反应各自的逆反应；另外如果氧的浓度较高，则整个反应的控制步骤决定于放电过程（后面的数值计算表明，这一假设是合理的），因此上述耦合反应可用简化的 Butler-Volmer 公式描述[15]：

$$I_a = I_{0,a} \exp\left(\frac{E_{corr} - E_{e,a}}{\beta_a}\right) \tag{4-3}$$

$$I_c = -I_{0,c} \exp\left(\frac{E_{e,c} - E_{corr}}{\beta_c}\right) \tag{4-4}$$

其中 E_{corr} 和 I_{corr} 可以通过 $|I_c| = I_a = I_{corr}$ 求得：

$$E_{corr} = \frac{1}{\beta_a + \beta_c}\left[(\beta_a E_{e,c} + \beta_c E_{e,a}) - \beta_a\beta_c\ln\left(\frac{I_{0,a}}{I_{0,c}}\right)\right] \qquad (4-5)$$

$$I_{corr} = I_{0,a}^{\frac{\beta_a}{\beta_a+\beta_c}} I_{0,c}^{\frac{\beta_c}{\beta_a+\beta_c}}\exp\left(\frac{E_{e,c} - E_{e,a}}{\beta_a + \beta_c}\right) \qquad (4-6)$$

这样一来，图 4-1a 中原电池左右两侧的电化学反应均可以用式（4-5）、式（4-6）描述。但是，由于两边氧浓度不同，因此单电极反应式（4-2）的平衡电位 $E_{e,c}$ 和交换电流密度 $I_{0,c}$ 应随氧浓度的不同而不同，根据能斯特方程[16]可知：

$$E_{e,c}^1 = E_{e,c} + \frac{RT}{nF}\ln\left(\frac{c_{O_2,1}}{c_{O_2,0}}\right) \qquad (4-7)$$

$$I_{0,c}^1 = I_{0,c}\left(\frac{c_{O_2,1}}{c_{O_2,0}}\right) \qquad (4-8)$$

$$E_{e,c}^2 = E_{e,c} + \frac{RT}{nF}\ln\left(\frac{c_{O_2,2}}{c_{O_2,0}}\right) \qquad (4-9)$$

$$I_{0,c}^2 = I_{0,c}\left(\frac{c_{O_2,2}}{c_{O_2,0}}\right) \qquad (4-10)$$

式中，$c_{O_2,0}$ 为平衡电位 $E_{e,c}$ 所对应的氧浓度，具体数值参见表 4-1。

表 4-1　电化学参数

物理量分类	具体物理量	数　　值
平衡电位/V vs SCE	$E_{e,a}$	−0.648
	$E_{e,c}$	0.456
交换电流密度/A·m^{-2}	$I_{0,a}$	2.7×10^{-11}
	$I_{0,c}$	4×10^{-9}
塔菲尔斜率/V·m^{-1}	β_a	0.4
	β_c	0.145
海水电导率/S	σ	0.16
平衡电位对应的氧浓度/m^3·m^{-3}	$c_{O_2,0}$	3.854×10^{-3}

将式（4-7）~式（4-10）代入式（4-5）和式（4-6）可分别求出试样 1、2 的腐蚀电位 E_{corr}^1、E_{corr}^2 和腐蚀电流 I_{corr}^1、I_{corr}^2。

以上是两个试样的电化学反应彼此独立的情况。下面将试样 1、2 用导线连接起来，并将中间的膜换成半透膜，这样离子能够穿过膜而产生电流流动，如图 4-1b 所示。由于 $E_{corr}^2 > E_{corr}^1$，因此在电位差的作用下，电子将通过导线由 1 流向 2，同时溶液也将产生离子定向运动，也就是说有外电流产生，这样腐蚀电位必将产生极化：E_{corr}^2 降低，E_{corr}^1 升高，电位极化后必将产生极化电流 ΔI_p^1、ΔI_p^2，于是试样 1、2 的腐蚀电流将发生如下变化：$I_{corr}'^1 = I_{corr}^1 + \Delta I_p^1$，$I_{corr}'^2 = I_{corr}^2 + \Delta I_p^2$。

以上就是浓差腐蚀的产生机制。

由以上实验可以初步总结出浓差腐蚀的基本特点：

（1）由于氧浓度分布的不同，不同部位（试样）腐蚀情况有所不同。

（2）这种不同会因为腐蚀电位的差异而被消除或部分消除，也就是说由于腐蚀电位的差异而导致外电流的产生，于是发生极化，腐蚀电位发生偏离：原来腐蚀电位较高的部位（例如上面实验中的试样 2）电位有所下降，而原来腐蚀电位较低的部位（例如上面实验中的试样 1）则有所上升。极化电位引起极化电流（确切地说是净电流），极化电流导致腐蚀电流的改变：原来腐蚀电流大的部位，腐蚀电流将变小些；而腐蚀电流小的部位，腐蚀电流会变大些。

（3）综上分析，浓差引起极化，这种极化有将部件各部位（或不同试样）腐蚀电位均一化的趋势，如果不考虑溶液电阻，腐蚀电位将趋于一致；同时也有将腐蚀电流"均匀化"的趋势，即原来腐蚀电流较大的部位，腐蚀速度将有所降低，而原来腐蚀电流较小的部位，腐蚀电流变大。

这些简单结论，将是以后讨论复杂浓差腐蚀的基本出发点。

目前一般的浓差腐蚀研究都可用上述装置和过程描述。可以看出，这种装置只能作很简单的研究，比如：只能研究两个不同氧浓度之间的浓差腐蚀，而实际的情况要远比实验条件复杂得多，远远不止有两个浓度差，因此实验研究尚不能指导工程实践。为了探求复杂情况下氧浓差腐蚀的机制或规律，本章拟采用数值模拟的方法，建立合适的数学模型并求解，根据计算结果研究其规律。由于这种方法具有一种开拓性意义，为简单起见，先从直管流体入手。

4.3 直管二维浓差腐蚀模型

4.3.1 管道流体腐蚀概况

图 4-1 中的实验装置仅讨论了两个不同氧浓度下，浓差腐蚀的产生机制。但实际上，浓差腐蚀不仅仅存在于两个不同浓度之间，而是存在于多个不同浓度之间，显然这种条件下的腐蚀要复杂得多。以直管道海水流动为例：如图 4-2a 所示，海水以一定的速度流入管道，在出口受到一个大气压的作用。假设在入口处氧的浓度保持不变，那么流体在管道中流动时，由于剧烈的湍流，流体中的氧将

产生复杂的分布。图4-2a为管道流体轴截面图，根据流体力学知识可知：尽管管道中间的流体处于湍流状态，但接近管道壁面，由于固体壁面对流体有一种黏附作用，因此壁面附近流体受黏性力支配，而处于层流状态。这样就把流体分为两个区域：管道中心的湍流区和壁面附近的边界层。根据流体力学知识可知，边界层还可以进一步细分为黏性底层、过渡层和对数律层[17]，如图4-2b所示。

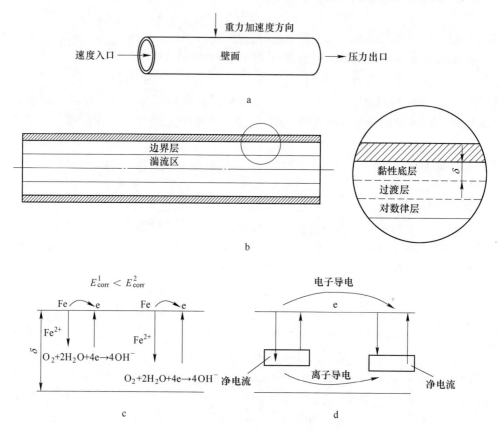

图4-2 管道流体腐蚀模型

a—边界条件；b—流体区域划分；c—不考虑相互影响时壁面腐蚀情况；d—考虑相互影响时壁面腐蚀情况

黏性底层的流体真正属于层流，溶解于其中的氧可以和壁面材料发生图4-2c所示的电化学反应，并产生相应的腐蚀电位和腐蚀电流。在不考虑浓差腐蚀的情况下（即假设管道各部位彼此绝缘），管道壁面不同部位发生相似的电化学反应，但腐蚀电位和腐蚀电流各不相同。实际上由于流体是连续的，固体壁面也是连续的，因此壁面各处的电化学反应不会彼此孤立，而是相互影响的。由于壁面各处的腐蚀电位不同，因此在电位差的驱动下，各部位之间必然产生电流，如图4-2d所示。这一导电回路是由固体电子导电和流体黏性底层的离子导电构成的。由于黏性底层的流体流动稳定，因此离子可以形成稳定的定向流动，它充当了离子导电层，而过渡层和对数律层由于湍流的作用，无法形成离子的定向流动，因而不考虑其导电作用。这就是浓差腐蚀模型机制的初步描述。

从以上论述可以明显看出，黏性底层的氧浓度分布以及其厚度对建立模型有重要影响，因此必须予以确定，下面采用的有限元方法，就可以实现这一目的。

4.3.2　黏性底层厚度δ的确定

边界层厚度 δ_B 和黏性底层厚度 δ 是重要的参数，它对建立浓差腐蚀模型以及有限元计算有重要影响，因此必须首先确定它们。这可以根据以下公式[17]确定。

$$\delta_B = \frac{L}{\sqrt{Re}} \tag{4-11}$$

$$Re = \frac{v_{inlet}D}{\nu} \tag{4-12}$$

$$Sc = \frac{\nu}{D_{O_2}} \tag{4-13}$$

$$\delta = \frac{1}{3}\left(\frac{1}{Sc}\right)^{\frac{1}{3}}\delta_B \tag{4-14}$$

式中　Re——雷诺数；

$\quad v_{inlet}$——管道入口流速；

$\quad L$——管道长度；

$\quad D$——管道内径，$D = 2R$；

$\quad \nu$——运动黏度；

$\quad Sc$——Schmidt 准数；

$\quad D_{O_2}$——氧在海水中的扩散系数。

这些参数的定义见图 4-2b，具体数值见表 4-2。

表 4-2　有限元计算所需参数

入口速度 $v_{inlet}/m \cdot s^{-1}$	入口氧浓度 $c_{O_2,0}/m^3 \cdot m^{-3}$	动力黏度 $/m^2 \cdot s^{-1}$	扩散系数 D_{O_2} $/m^2 \cdot s^{-1}$	管道内径 $/m$	管道长度 $/m$	δ_B/m	δ/m
0.3	3.854×10^{-3}	1.01×10^{-6}	1.0×10^{-9}	0.15	2	9.475×10^{-3}	9.44×10^{-4}

4.3.3　有限元计算

在进行有限元计算之前，必须对要计算的对象进行网格划分。本书将管道内的流体作为研究对象，利用 COMSOL 软件创建了如图 4-3 所示几何体。COMSOL 软件是一款很好的有限元多场耦合分析软件，同时它自带的几何造型功能也十分强大，因此一般不太复杂的几何体用它创建是很方便的，其几何建模功能均在左边树形结构中的 Geometry 1 节点下完成，具体操作可参阅相关文献 [18]。

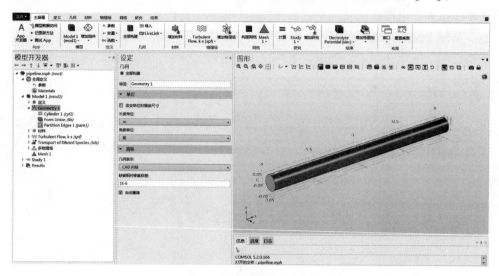

图 4-3　管道流体几何模型

几何体创建完毕后，将它以 * x_ b 的格式导出，并保存在合适的文件夹内。接下来打开 ANSYS 软件中的 ICEM，将刚才保存好的 * x_ t 几何文件导入，准备进行网格划分，如图 4-4 所示。

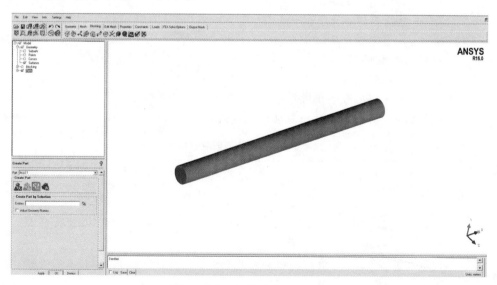

图 4-4　将几何模型导入 ICEM

在网格划分时，有两点需要注意，这是建立浓差数值模型的关键。第一，由于管道内流体流动时，氧在管道壁面附近的流体中沿轴向和周向都存在浓度差（因黏性底层很薄，因此在厚度方向氧的分布看作均匀的），因此在建模时候，要考虑这两个方向的电流和电位，所以网格划分应能保证这一点；第二，由于求解管道流体的时候采用壁面函数法，因此在垂直壁面方向，要求第一层单元的单元中心（控制节点），距离壁面的无量纲距离为：$11.5 < y^+ < 300$。本书取 $y^+ = 30$。根据文献 [19] 计算出实际距离 $y = 0.000174m$。所以第一层单元高度应为 $2y$。

根据以上要求，采用结构化网格划分。所谓结构化，简单地说就是为了保证网格质量而采用的一种映射类网格生成方法。以管道内流体为例：建立一个称为块（block）的长方体，然后将这个块和圆柱形的几何体进行关联，如图4-5所示，关联后就可以针对长方体进行网格划分了：设置边的节点个数或单元尺寸等，如图4-6所示。由于长方体已经和代表流体的圆柱体进行了关联，因此长方体的网格划分结果将映射到圆柱体上，从而得到最终的网格划分结果，如图4-7所示。

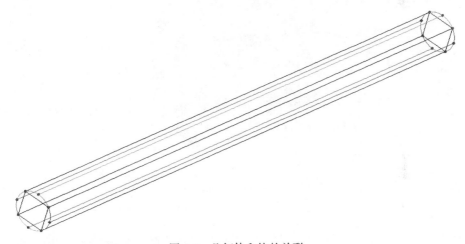

图4-5 几何体和块的关联

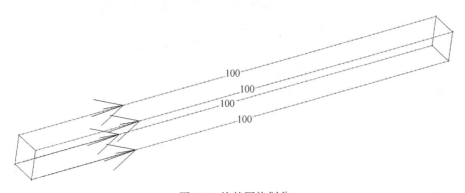

图4-6 块的网格划分

由图4-7可见，网格沿柱体的轴向和周向分布十分均匀规整，符合前面的要求。另外为了保证边界层网格的质量，要求横截面按图4-7b所示进行划分。这

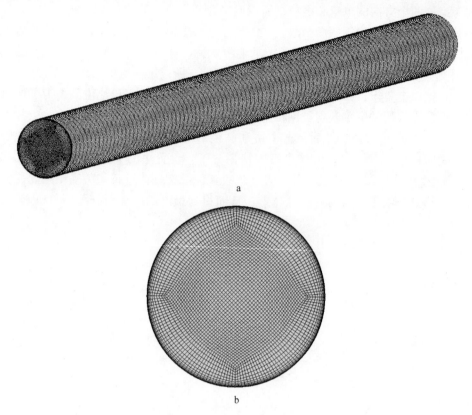

a

b

图 4-7　网格划分结果

a—流体整体网格划分结果边界条件；b—横截面的 O 形网格划分

需要对圆形截面采取 O 形划分策略。首先将矩形和圆形截面相关联，如图 4-5 所示，然后点按工具栏中的图标⬛，这时会在界面左侧出现图 4-8 所示的面板，进行 O 形划分的所有操作均在这个界面内完成。

　　首先点按 1 处按钮，发出要对一个块进行 O 形划分的指令，然后再点选 2 处按钮，用鼠标将图 4-9 所示的块体圈选出来。

　　然后点按 3 处的按钮，选择要进行 O 形划分的截面，即图 4-10 中标记的截面。

　　接下来在 4 处输入 0.7（即边界层区厚度占截面半径的 30%），最后点按"确定"按钮，此时截面变化如图 4-11 所示。

　　最后，设置边界层网格尺寸。整个边界层设置 15 个节点，节点间距为单元厚度。根据前面的要求，第一层单元高度设为 0.000348m，以后的单元高度逐层以 1.1 的比例递增。设置完尺寸后就可以进行网格划分了。最后将网格文件导出，保存在合适的文件目录中。

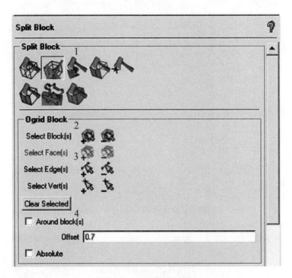

图 4-8　块操作面板

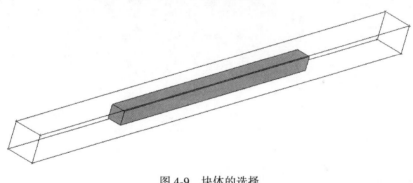

图 4-9　块体的选择

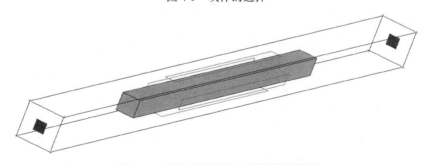

图 4-10　选择需要进行 O 形划分的截面

　　这里需要注意的是，尽管采用结构化划分，但在导出网格前必须将它转为非结构化网格，否则 Fluent 无法求解。

　　最后进入有限元计算环节。打开 Fluent，将刚才保存好的网格导入 Fluent，命令为：File→Read→Mesh 文件导入，如图 4-12 所示。

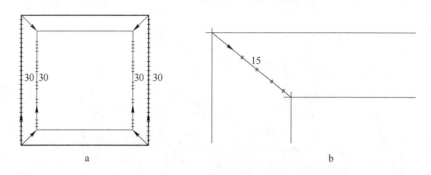

图 4-11　截面单元尺寸设置

a—截面块体单元节点设置；b—设置细节

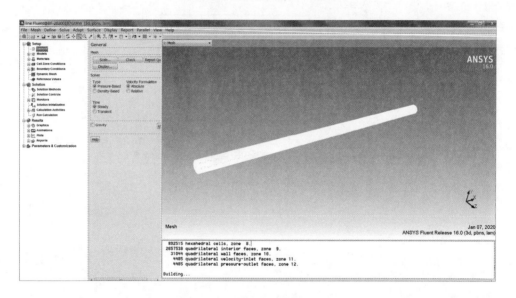

图 4-12　网格文件导入 Fluent

导入完毕后，先不忙于计算，此时应对网格质量进行检查，检查的目的是发现是否存在负体积单元，以及单元尺寸是否有过大或过小的情况，如果存在这种情况，则应重新划分网格。这一菜单命令为：Mesh→Check。除了检查网格质量，有些情况下还要进行单位变换，比如将以毫米为单位转变为以米为单位等，其命令为：Mesh→Scale。本书建模时采用的长度是米，因此可以省略这一步。

以上是模拟前的一些必要的工作，接下来就正式进入模拟环节，它同样也要分若干步骤进行。

（1）首先选择计算模型。本书模拟的是含氧海水流动，因此属于液-气两相流问题。点击图 4-13 所示界面左侧 Setup 下的 Models 使之高亮，然后在右面的 Models 面板下，双击 Multiphase-off（off 表示此模型还未开启），会弹出

Multiphase-Model 界面，选择 Mixture 这一项，即选择液-气多相流的混合模型。选择完毕后，点击 OK 按钮退出界面，至此模型选择完毕。

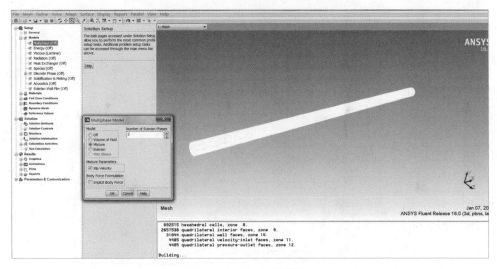

图 4-13 选择多相流模型

（2）接下来选择湍流模型（图 4-14）。管道流体的流动属于湍流，有很多计算湍流的模型，这里选择标准 $\kappa\text{-}\varepsilon$ 模型，并采用壁面函数法处理边界条件。

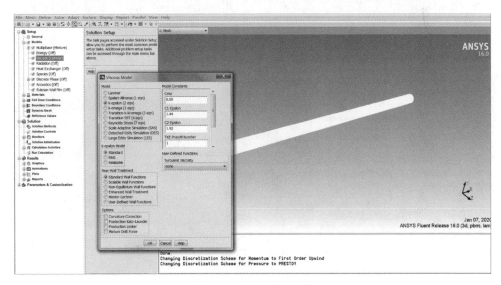

图 4-14 选择湍流模型

（3）选择流体材料。点击图 4-15 左侧 Setup 下的 Materials 使之高亮，这时右侧的 Materials 面板里面只有空气和铝这两种材料，没有我们需要的材料，因此需要添加新材料：氧和水。Fluent 有自带的材料数据库，可以从中选择模拟所需的各种材料。在材料数据库中选择水和氧气，然后点击 OK，选择完毕，此时会发现界面多了 oxgen 和 water-liquid 这两种材料。

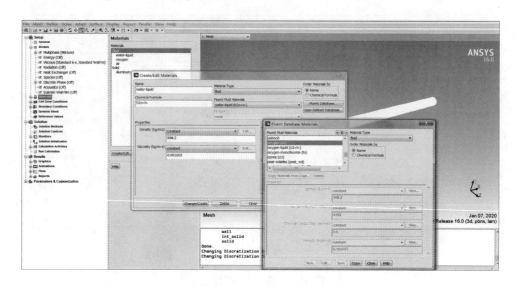

图 4-15　选择材料

（4）选择完材料后，接下来确定基本相、次要相。在多相流模拟时，往往有一相在体积上占多数，称为基本相，在这里就是 water-liquid；而相对比较少的相称为次要相，在这里就是 oxgen。设置过程如图 4-16 所示。

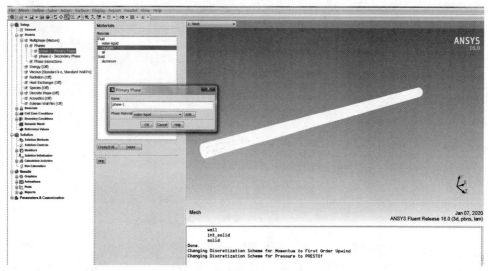

a

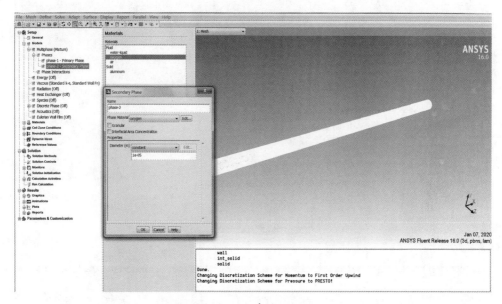

b

图4-16 设置基本相和次要相

a—基本相设置；b—次要相设置

（5）接下来设置入口速度和次要相所占体积分数。设置过程如图4-17所示。

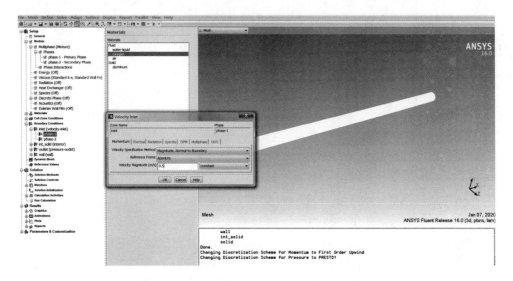

a

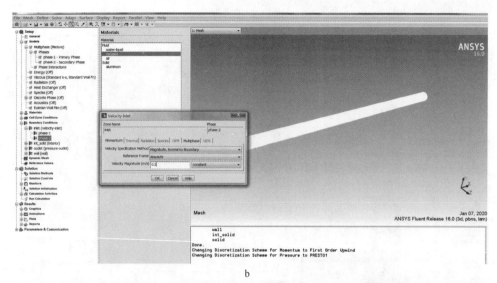

b

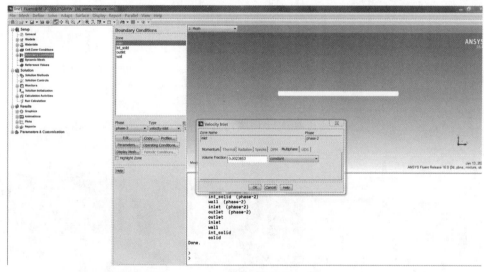

c

图 4-17　设置边界条件

a—基本相的入口速度设置；b—第二相的入口速度设置；c—次要相体积分数设置

（6）操作条件。由于流体流动时处于一定的物理环境下，因此需要设置环境参数，比如重力加速度、压力等，如图 4-18 所示。

完成以上步骤后，就可以进行计算了。正式计算前先要对流场初始化：如图 4-19 所示，首先在 Computerfrom 下选 inlet，然后点按 Initilize，就完成了初始化。

初始化后，在菜单栏中选择 Slove→Runcalculation，在出现的界面中设置迭代次数为 1000，然后点按 Calculate 就开始计算了，如图 4-20 所示。在计算中，

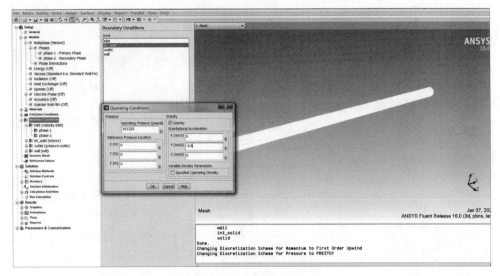

图 4-18 设置操作环境

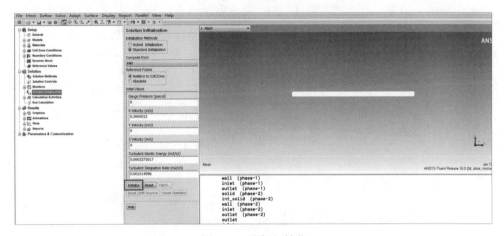

图 4-19 流场初始化

可以通过控制台监视计算过程，观察收敛趋势。

4.3.4 氧浓度分布

计算完毕后进入后处理，将氧在管道壁面的分布云图和压力分布显示出来，如图 4-21a 所示。可以看到，氧的分布主要集中在管道的上部，这是因为氧的密度较低，而水的密度较大的缘故。另外在管道入口附近氧的浓度也较低，这和压力分布有关。如图 4-21b 所示，从管壁压力分布看出，在管道入口流体压力较大。如果流体压力大，则气体就不易聚集，因此浓度低。从具体数值来看，处于上部的氧的浓度要远远高于初始体相的浓度（0.003853m³/m³）。因此拟将管道

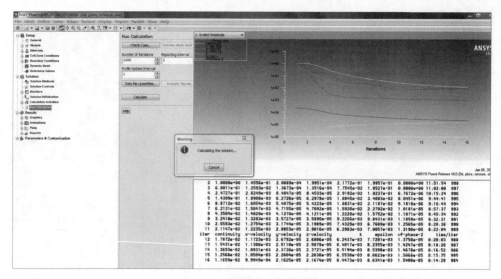

图 4-20　计算过程收敛趋势

上部作为研究对象，研究这部分区域的浓差腐蚀情况。而管道下部的氧浓度很低，可以不考虑其腐蚀，上下交界处可看作绝缘，如图 4-22a 所示。

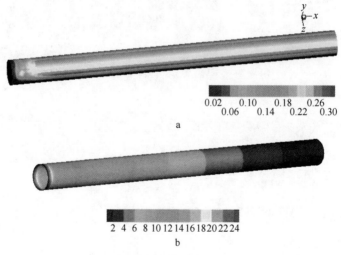

图 4-21　管道流场信息

a—壁面附近氧浓度分布（m^3/m^3）；b—壁面压力分布

4.3.5　二维浓差腐蚀模型的建立

在研究二维浓差腐蚀时，为了建立数学模型，特将黏性底层的液体单独提取出来，如图 4-22a 所示。如果不考虑浓差腐蚀的话，黏性底层内的任意一点都存在腐蚀电位和腐蚀电流，如果设壁面和电解液之间的腐蚀电位为 φ 的话，$-\varphi$ 就是溶液对壁面的电位差。这样 $d(-\varphi)$ 就是溶液中两个无限接近的位置的电位差，离子导电层中的电流就是它驱动的。为研究电位差和电流的关系不失一般性，在图 4-22b 中任意划分一个微分单元，如图 4-22c 所示。

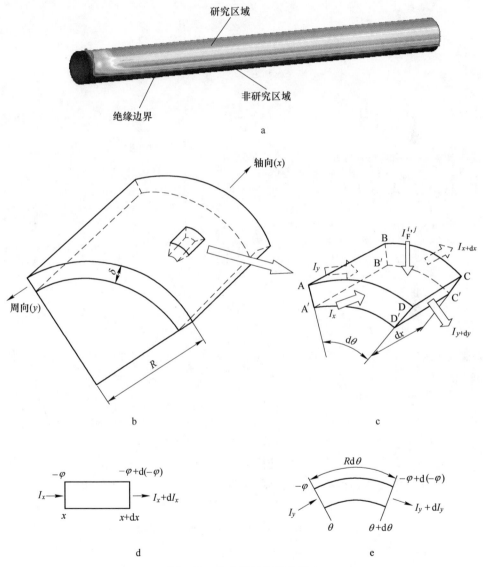

图 4-22　浓差腐蚀模型的建立

a—研究域提取；b—离子导电层；c—微分单元；d—单元 x 轴向导电；e—单元周向导电

首先考虑单元在 x 方向的导电情况，图 4-22d 为 x 轴向视图，在边界 x 和 $x+dx$ 之间存在电位差 $I_x + dI_x$，这一电位差在溶液中引起的电场强度为：

$$E_x = \frac{\partial(-\varphi)}{\partial x} \tag{4-15}$$

接下来研究单元周向导电情况。图4-22e为微分单元的周向视图，设在 θ 和 $\theta+d\theta$ 之间也存在电位差 $I_x + dI_x$，它在溶液中引起的电场强度为：

$$E_y = \frac{\partial(-\varphi)}{\partial y} \tag{4-16}$$

再利用电场与电流的关系得：

$$I_x = \frac{1}{\rho_s} E_x \tag{4-17}$$

$$I_y = \frac{1}{\rho_s} E_y \tag{4-18}$$

式中　$\dfrac{1}{\rho_s}$——海水电导率，具体数值见表4-1。

这样根据式（4-15）~式（4-18）可得电流和电势的关系：

$$I_x = -\frac{1}{\rho_s} \frac{\partial \varphi}{\partial x} \tag{4-19}$$

$$I_y = -\frac{1}{\rho_s} \frac{\partial \varphi}{\partial y} \tag{4-20}$$

由于 $y = Rd\theta$，因此：

$$I_y = -\frac{1}{R\rho_s} \frac{\partial \varphi}{\partial \theta} \tag{4-21}$$

根据电化学知识可知，电流的流动引起电位极化，极化电位和电流之间存在以下关系：

$$I_F = \frac{\varphi - E_{corr}}{R_P} dS \tag{4-22}$$

式中　dS——微分单元和壁面的接触面积；

　　　R_P——管道壁面和溶液之间的极化电阻，Ω/m^2。

当导电层电流达到稳态时，微分单元满足 Kirchhoff 第二定律，即流入单元的电流和流出单元的电流相等：

$$(I_{x+dx} - I_x)dS_x + (I_{y+dy} - I_y)dS_y = I_F dS \tag{4-23}$$

其中：

$$I_{x+dx} = I_x + \frac{\partial I_x}{\partial x} dx = I_x - \frac{1}{\rho_s} \frac{\partial^2 \varphi}{\partial x^2} dx \tag{4-24}$$

$$I_{y+dy} = I_y + \frac{\partial I_y}{\partial y} dy = I_y - \frac{1}{R\rho_s} \frac{\partial I_y}{\partial(R\theta)} d(R\theta) \tag{4-25}$$

或

$$I_{y+dy} = I_y + \frac{\partial I_y}{\partial y}dy = I_y - \frac{1}{R\rho_s}\frac{\partial^2\varphi}{\partial\theta^2}d\theta \tag{4-26}$$

另外，根据图 4-22c 可知：

$$dS_x = S_{ADD'A'} \approx Rd\theta\delta, \quad dS_y = S_{DCC'D'} = dx\delta, \quad dS = S_{ABCD} = Rd\theta dx$$

将这些表达式以及式（4-24）~式（4-26）代入式（4-23）得：

$$\frac{1}{\rho_s}\frac{\partial^2\varphi}{\partial x^2} + \frac{1}{R^2\rho_s}\frac{\partial^2\varphi}{\partial\theta^2} + \frac{\varphi}{R\delta R_P} = \frac{E_{corr}}{R\delta R_P} \tag{4-27}$$

这就是离子导电层达到稳态时，电势所遵循的偏微分方程。如果能求出方程的通解，那么离子导电层腐蚀电位分布就确定了。

4.3.6 偏微分方程的离散

实际上求解方程式（4-27）的解析解很困难，因此本章拟采用数值方法求得电位的解析解。这样需要对图 4-22b 所示的离子导电层进行离散处理。实际上在用有限元求解氧浓度的时候，通过单元划分这一步工作就已经完成了，其划分示意图如图 4-23a 所示。

在不考虑浓差腐蚀的情况下，即单元之间绝缘的情况下，每个单元的氧和壁面之间发生电化学反应，这和 4.1 节中的实验类似，因此每个单元都存在各自的腐蚀电位 $E_{corr}^{i,j}$ 和腐蚀电流 $I_{corr}^{i,j}$。但当这些单元彼此连通后，由于 $E_{corr}^{i,j}$ 的不同，会在单元间引起电流流动，只不过这种流动为二维的，分别沿轴向（x）方向和周向（y）方向，如图 4-23b、c 所示。

产生电流后，每个单元的腐蚀电位 $E_{corr}^{i,j}$ 必将发生变化，变为 $E^{i,j}$，因此极化电位为（$E^{i,j} - E_{corr}^{i,j}$），并引起极化电流 $I_F^{i,j}$，如图 4-23c 所示。下面我们取单元（i,j）为研究对象，找到 $E^{i,j}$ 的求解方法。

定义 $\varphi = -(E^{i,j} - E_{corr}^{i,j})$。$\varphi$ 具有明确的物理意义：它是离子导电层单元（i,j）的电势（即溶液电势，因为 $-\varphi$ 的意义是极化电位，因此后面为方便也称 φ 为极化电势）。根据上面的定义，极化电流为 $I_P^{i,j} = \frac{\varphi_P^{i,j}}{R_P^{i,j}}$，其中 $\varphi_P^{i,j} = \varphi^{i,j} - E_{corr}^{i,j}$；而 $R_P^{i,j}$ 为单元（i,j）的极化电阻，可根据式（4-28）计算[18]：

$$R_P^{i,j} = \frac{\beta_a\beta_c}{\beta_a + \beta_c}I_{corr}^{i,j} \tag{4-28}$$

式中　β_a，β_c——塔菲尔斜率，参见表 4-1；

　　　　$I_{corr}^{i,j}$——单元（i,j）的腐蚀电流，可根据式（4-6）及式（4-8）计算。

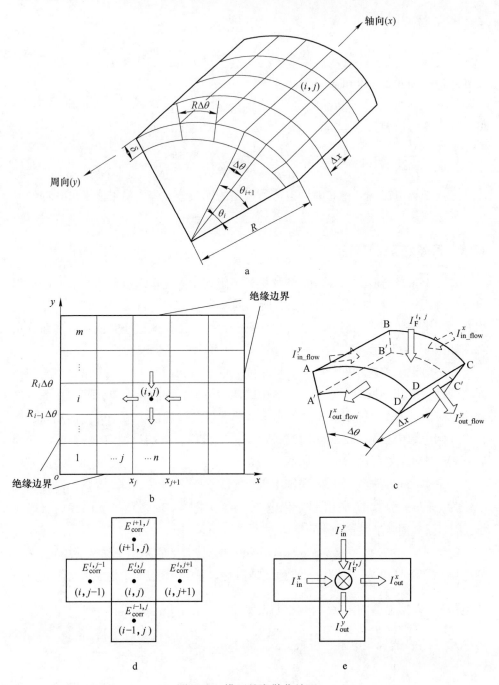

图 4-23　模型的离散化处理

a—管道壁面附近黏性底层流体单元划分；b—单元展开图；c—单元轴向和周向电流流动示意图；
d—中心单元和周围单元的腐蚀电位；e—中心单元和周围单元的电流流动

可以采用差分的方法将 $\dfrac{\partial^2 \varphi}{\partial x^2}$、$\dfrac{\partial^2 \varphi}{\partial \theta^2}$ 在 (i,j) 处展开：

$$\frac{\partial^2 \varphi}{\partial x^2} = \frac{\varphi_{i,j+1} - 2\varphi_{i,j} + \varphi_{i,j-1}}{\Delta x^2} \tag{4-29}$$

$$\frac{\partial^2 \varphi}{\partial \theta^2} = \frac{\varphi_{i+1,j} - 2\varphi_{i,j} + \varphi_{i-1,j}}{\Delta \theta^2} \tag{4-30}$$

将这一结果代入式（4-27）得：

$$\frac{\varphi_{i-1,j}}{R^2\rho_s\Delta\theta^2} + \frac{\varphi_{i,j-1}}{\rho_s\Delta x^2} + \left(-\frac{2}{\rho_s\Delta x^2} - \frac{2}{R^2\rho_s\Delta\theta^2} + \frac{1}{R\delta R_P^{i,j}}\right)\varphi_{i,j} + \frac{\varphi_{i,j+1}}{\rho_s\Delta x^2} + \frac{\varphi_{i+1,j}}{R^2\rho_s\Delta\theta^2}$$

$$= \frac{E_{corr}^{i,j}}{R\delta R_P^{i,j}} \tag{4-31}$$

这就是关于离子导电层电势的标准离散方程。它适合位于区域中间的那些单元（即四周被其他单元包围着的）。对于位于边界的单元，方程的形式有所改变。例如图 4-23b 中的单元 (1,1)，由于边界是绝缘的，因此电流为零，即：

$$\frac{\varphi_{i,j} - \varphi_{i-1,j}}{\Delta\theta} = 0 \tag{4-32}$$

$$\frac{\varphi_{i,j-1} - \varphi_{i,j}}{\Delta x} = 0 \tag{4-33}$$

这样代入方程式（4-27）得：

$$\left(-\frac{2}{\rho_s\Delta x^2} - \frac{2}{R^2\rho_s\Delta\theta^2} + \frac{1}{R\delta R_P^{i,j}}\right)\varphi_{i,j} + \frac{\varphi_{i,j+1}}{\rho_s\Delta x^2} + \frac{\varphi_{i+1,j}}{R^2\rho_s\Delta\theta^2} = \frac{E_{corr}^{i,j}}{R\delta R_P^{i,j}} \tag{4-34}$$

位于其他边界的单元的处理与此类似，得到各自单元的离散方程，如式（4-35）所示，方程的系数见表 4-3。

$$\begin{cases} 0\varphi_{i-1,j} + 0\varphi_{i,j-1} + c\varphi_{i,j} + d\varphi_{i,j+1} + e\varphi_{i+1,j} = fE_{corr}^{i,j} & (i=1, j=1) \\ 0\varphi_{i-1,j} + b\varphi_{i,j-1} + c\varphi_{i,j} + d\varphi_{i,j+1} + e\varphi_{i+1,j} = fE_{corr}^{i,j} & (i=1, 1<j<n) \\ 0\varphi_{i-1,j} + b\varphi_{i,j-1} + c\varphi_{i,j} + 0\varphi_{i,j+1} + e\varphi_{i+1,j} = fE_{corr}^{i,j} & (i=1, j=n) \\ a\varphi_{i-1,j} + 0\varphi_{i,j-1} + c\varphi_{i,j} + d\varphi_{i,j+1} + e\varphi_{i+1,j} = fE_{corr}^{i,j} & (1<i<m, j=1) \\ a\varphi_{i-1,j} + b\varphi_{i,j-1} + c\varphi_{i,j} + d\varphi_{i,j+1} + e\varphi_{i+1,j} = fE_{corr}^{i,j} & (1<i<m, 1<j<n) \\ a\varphi_{i-1,j} + b\varphi_{i,j-1} + c\varphi_{i,j} + 0\varphi_{i,j+1} + e\varphi_{i+1,j} = fE_{corr}^{i,j} & (1<i<m, j=n) \\ a\varphi_{i-1,j} + 0\varphi_{i,j-1} + c\varphi_{i,j} + d\varphi_{i,j+1} + 0\varphi_{i+1,j} = fE_{corr}^{i,j} & (i=m, j=1) \\ a\varphi_{i-1,j} + b\varphi_{i,j-1} + c\varphi_{i,j} + d\varphi_{i,j+1} + 0\varphi_{i+1,j} = fE_{corr}^{i,j} & (i=m, 1<j<n) \\ a\varphi_{i-1,j} + b\varphi_{i,j-1} + c\varphi_{i,j} + 0\varphi_{i,j+1} + 0\varphi_{i+1,j} = fE_{corr}^{i,j} & (i=m, j=n) \end{cases} \tag{4-35}$$

表 4-3　方程系数

方程序号	方程项系数
1	$c = -\dfrac{\Delta x^2 + R^2\Delta\theta^2}{R^2\rho_s\Delta x^2\Delta\theta^2} + \dfrac{1}{R_P^{i,j}\delta R}$　　$d = \dfrac{1}{\rho_s\Delta x^2}$　　$e = \dfrac{1}{R^2\rho_s\Delta\theta}$　　$f = \dfrac{1}{R_P^{i,j}R\rho_s}$
2	$b = \dfrac{1}{\rho_s\Delta x^2}$　　$c = -\dfrac{2\Delta x^2 + R^2\Delta\theta^2}{R^2\rho_s\Delta x^2\Delta\theta^2} + \dfrac{1}{R_P^{i,j}\delta R}$　　$d = \dfrac{1}{\rho_s\Delta x^2}$　　$e = \dfrac{1}{R^2\rho_s\Delta\theta}$　　$f = \dfrac{1}{R_P^{i,j}R\rho_s}$
3	$b = \dfrac{1}{\rho_s\Delta x^2}$　　$c = -\dfrac{2\Delta x^2 + R^2\Delta\theta^2}{R^2\rho_s\Delta x^2\Delta\theta^2} + \dfrac{1}{R_P^{i,j}\delta R}$　　$e = \dfrac{1}{R^2\rho_s\Delta\theta}$　　$f = \dfrac{1}{R_P^{i,j}R\rho_s}$
4	$a = \dfrac{1}{R^2\rho_s\Delta\theta^2}$　　$c = -\dfrac{\Delta x^2 + 2R^2\Delta\theta^2}{R^2\rho_s\Delta x^2\Delta\theta^2} + \dfrac{1}{R_P^{i,j}\delta R}$　　$d = \dfrac{1}{\rho_s\Delta x^2}$　　$e = \dfrac{1}{R^2\rho_s\Delta\theta}$　　$f = \dfrac{1}{R_P^{i,j}R\rho_s}$
5	$a = \dfrac{1}{R^2\rho_s\Delta\theta^2}$　　$b = \dfrac{1}{\rho_s\Delta x^2}$　　$c = -\dfrac{\Delta x^2 + 2R^2\Delta\theta^2}{R^2\rho_s\Delta x^2\Delta\theta^2} + \dfrac{1}{R_P^{i,j}\delta R}$　　$d = \dfrac{1}{\rho_s\Delta x^2}$ $e = \dfrac{1}{R^2\rho_s\Delta\theta}$　　$f = \dfrac{1}{R_P^{i,j}R\rho_s}$
6	$a = \dfrac{1}{R^2\rho_s\Delta\theta^2}$　　$b = \dfrac{1}{\rho_s\Delta x^2}$　　$c = -\dfrac{\Delta x^2 + 2R^2\Delta\theta^2}{R^2\rho_s\Delta x^2\Delta\theta^2} + \dfrac{1}{R_P^{i,j}\delta R}$　　$d = \dfrac{1}{\rho_s\Delta x^2}$ $e = \dfrac{1}{R^2\rho_s\Delta\theta}$　　$f = \dfrac{1}{R_P^{i,j}R\rho_s}$
7	$a = \dfrac{1}{R^2\rho_s\Delta\theta^2}$　　$c = -\dfrac{\Delta x^2 + 2R^2\Delta\theta^2}{R^2\rho_s\Delta x^2\Delta\theta^2} + \dfrac{1}{R_P^{i,j}\delta R}$　　$d = \dfrac{1}{\rho_s\Delta x^2}$　　$f = \dfrac{1}{R_P^{i,j}R\rho_s}$
8	$a = \dfrac{1}{R^2\rho_s\Delta\theta^2}$　　$b = \dfrac{1}{\rho_s\Delta x^2}$　　$c = -\dfrac{\Delta x^2 + 2R^2\Delta\theta^2}{R^2\rho_s\Delta x^2\Delta\theta^2} + \dfrac{1}{R_P^{i,j}\delta R}$　　$f = \dfrac{1}{R_P^{i,j}R\rho_s}$
9	$a = \dfrac{1}{R^2\rho_s\Delta\theta^2}$　　$b = \dfrac{1}{\rho_s\Delta x^2}$　　$c = -\dfrac{\Delta x^2 + 2R^2\Delta\theta^2}{R^2\rho_s\Delta x^2\Delta\theta^2} + \dfrac{1}{R_P^{i,j}\delta R}$　　$f = \dfrac{1}{R_P^{i,j}R\rho_s}$

4.3.7　二维浓差腐蚀模型求解

得到了整个求解域的离散方程后，采用 MATLAB 对其进行求解，得到了每个单元中心处的腐蚀电位。据此进一步求得了极化电位、极化电流等。

4.3.8　二维浓差腐蚀结果分析

图 4-24a 和图 4-25a 分别是未考虑浓差腐蚀（即此时单元间彼此绝缘）时的自然腐蚀电位和电流分布图。从横向（x 轴）看，在接近管道入口部位电位和电流较低，这是因为该处氧的浓度也较低（参见图 4-21a）；而随着远离管道入口，腐蚀电位和电流逐渐变大；从横向（周向）看，中间位置电位和电流较大（中间氧浓度高、两侧低，亦参见图 4-21a），而两边缘处较低，但局部也有起伏，这是氧浓度分布波动造成的。

当考虑浓差腐蚀的时候，电位和电流的分布将发生较大变化。此时由于单元间存在电流，原来的腐蚀电位将发生极化，同时单元的阳极反应电流和阴极反应电流绝对值不再相等，即存在极化电流。图 4-24b 和图 4-25b 显示的是极化电位和极化电流分布。极化后最终腐蚀电位和最终腐蚀电流如图 4-24c 和图 4-25c 所示。

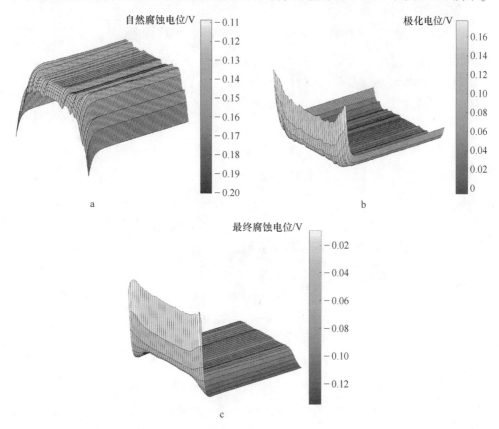

图 4-24 单元的电位分布

a—自然腐蚀电位分布；b—极化电位分布；c—最终腐蚀电位分布

为能更详细地阐述浓差腐蚀机制，特选择 6 个有一定代表性的单元行（列），将上述物理量显示出来，如图 4-26 和图 4-27 所示。首先看图 4-26b 中点 1、2、3 所代表的这一列单元。从纵（周）向看，由于中间部位（2 点）自然腐蚀电位高于两侧（1、3 点处），因此电流应从中间流向两边，如不考虑 x 向电流传导的话，根据电量守恒原则，曲线中间将发生阴极极化，而两侧将发生阳极极化，但是根据图 4-28a 所示，此列单元的极化均为阳极极化。这是因为，在横向（x 向）和其他列单元（例如 4、5、6 所代表的曲线）的电位相比，这一列单元的电位整体处于较低的水平（见图 4-26b），因此在 x 方向，电流将是流入这些单元，因而导致该列整体产生阳极极化，所以极化电位均大于零。4、5、6 点所在的曲线，

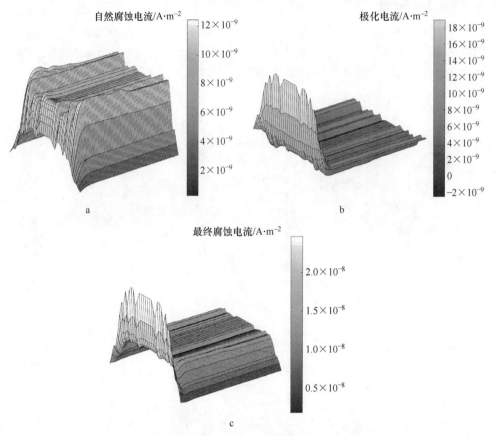

图 4-25　单元的电流分布

a—自然腐蚀电流分布；b—极化电流分布；c—最终腐蚀电流分布

其周向极化情形和第 1 列的类似，也是中间低、两侧高，如图 4-26b 所示，但又有所不同。根据图 4-28a 所示，虚线所代表的零电位和此列单元的极化曲线有交点，说明这列单元有的发生阳极极化，有的发生阴极极化，这是因为该曲线电位整体处于较高的水平，因此电流以从单元流出为主，故产生阴极极化。但也不是绝对的，例如处于两侧的单元，由于在周向处于较低电位，因此也发生阳极极化。

　　这是极化的总趋势，但在局部也存在波动。如图 4-28a 所示，自然腐蚀电位在局部有波动，而极化曲线亦随之有波动，而且二者刚好互补，即自然腐蚀电位波峰刚好对应极化电位波谷，如图中箭头所示。

　　在极化电位作用下，产生极化电流，其分布如图 4-27b 所示。仍以第 1 列单元为例，根据图 4-27b 或图 4-28b 可知，由于周向中间部位极化电位低一些，因此似乎极化电流应小一些，但由于在 x 向第 1 列单元电位整体较低，因此在 x 向极化影响下，第 1 列单元整体的极化电流反而较高，如图 4-28b 所示，甚至高

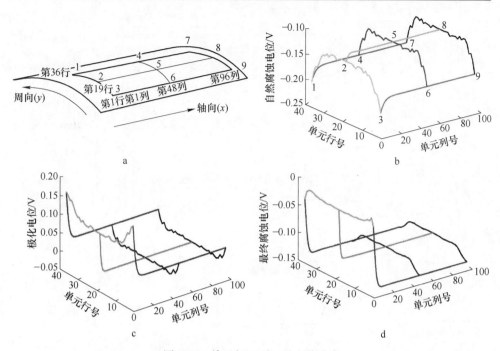

图 4-26 单元行（列）的电位分布

a—用于显示物理量的单元行和单元列；b—自然腐蚀电位分布；c—极化电位分布；d—最终腐蚀电位分布

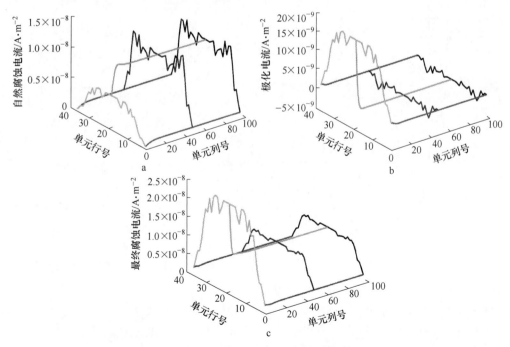

图 4-27 单元行（列）的电流分布

a—自然腐蚀电流分布；b—极化电流分布；c—最终腐蚀电流分布

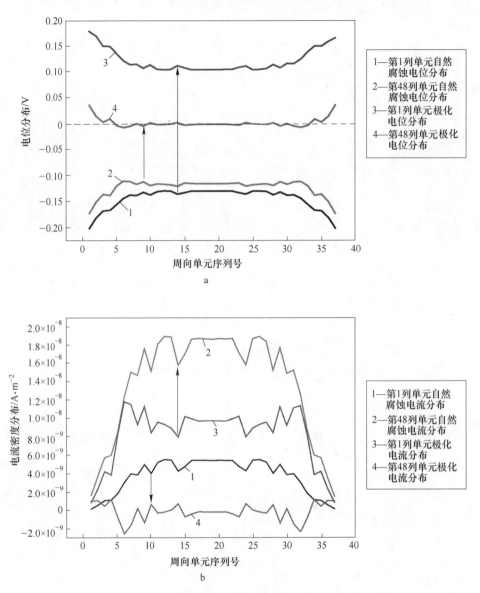

图 4-28　极化机制的详细分析

a—极化电位分布；b—极化电流分布

于原来的自然腐蚀电流（如图中箭头所示）。与此相反的是，第 48 列单元（4、
5、6 代表），由于原来的自然腐蚀电位在 x 向较高，因此主要产生阴极极化，并
且极化电流较低，如图 4-28b 方向向下箭头所示。最终的腐蚀电流应该是自然腐
蚀电流和极化电流的代数和，如图 4-27c 所示。由于极化电流在数量上和自然腐
蚀电流相当甚至高于自然腐蚀电流，因此它很大程度上决定了总腐蚀电流分布。

因此考虑浓差腐蚀和不考虑浓差腐蚀，结果差别很大。原来腐蚀电流较大的地方，当考虑浓差腐蚀后，腐蚀电流有所降低，而原来腐蚀电流较小的部位则有所增大。如果不考虑溶液电阻，最终所有单元的电位将趋于一致。

4.4 变径直管二维浓差腐蚀模型

本节讨论变径直管的浓差腐蚀问题，它的腐蚀机制和前面的直管类似，但在建立离散方程的时候，采用了另一种方法，因此在这里着重说明一下。

4.4.1 氧浓度分布

如图 4-29a 所示为流体以一定的速度流经变径直管。与直管类似，变径管内流体流动时，流场划分为边界层和湍流区两部分，如图 4-29c 所示。其中的边界层仍然划分为三个分层，将其中的黏性底层（离子导电层）作为研究对象，导出溶液腐蚀电位的求解列式。

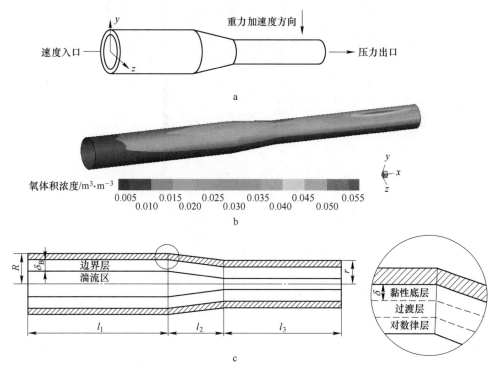

图 4-29 变径直管流体流动模型
a—边界条件；b—壁面氧浓度分布；c—流场划分

建立模型的第一步仍是求出管壁处氧的浓度分布，其过程与直管类似。图 4-29b 为变径直管壁面氧分布云图，可以看出，它的分布与直管类似，也是氧集中在管道上部,而下部氧的浓度较低,可以忽略管道下部的腐蚀,只将上部的黏性底层提取出来作为研究对象。

4.4.2　二维浓差腐蚀模型

将黏性底层进行单元划分,如图 4-30a 所示。同时为研究方便,将之展平如图 4-30b 所示。任取单元 (i,j):当不考虑浓差腐蚀时,可根据式(4-7)～式(4-10)计算出每个单元的自然腐蚀电位 $E_{corr}^{i,j}$ 和自然腐蚀电流 $I_{corr}^{i,j}$。此时该单元所对应的壁面和单元(即溶液)之间的阳极反应电流和阴极电流绝对值相等,没有净电流产生。但当考虑浓差腐蚀后,单元间存在电流流动,这必然引起自然

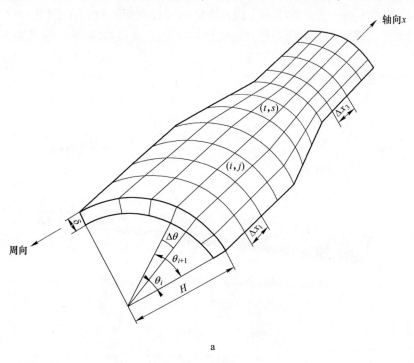

a

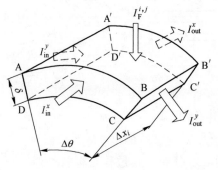

b

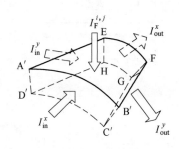

c

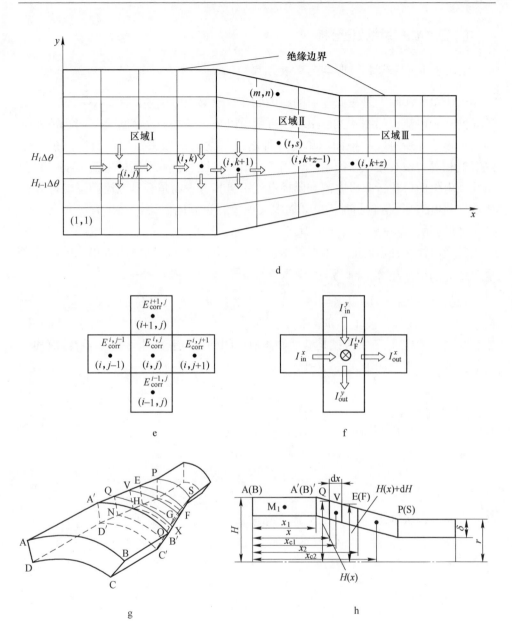

图 4-30 变径管浓差腐蚀离散模型

a—离子导电层溶液离散；b—区域Ⅰ与区域Ⅲ的典型单元；c—区域Ⅱ的典型单元；d—离散单元展开；

e—中心单元腐蚀电位；f—中心单元和周围单元间的电流流动；

g—区域Ⅱ单元的微分；h—区域Ⅱ典型单元侧视图

腐蚀电位的极化，阳极电流和阴极电流不再相等，有净电流产生（即外电流或极化电流），如图 4-30b~图 4-30d 和图 4-30f 所示。

4.4.3　二维浓差腐蚀数值分析

4.4.3.1　区域 I、III 单元离散方程

由于单元实际上是彼此连通的，因此在自然腐蚀电位差的驱动下，必然导致单元间产生电流，如图 4-30b~d 和 f 所示。以单元 (i,j) 为例，当不考虑浓差腐蚀时，该单元所对应的壁面和单元（即溶液）之间的阳极反应电流和阴极电流绝对值相等，没有净电流产生。但当考虑浓差腐蚀后，单元间的电流流动引起自然腐蚀电位的极化，阳极电流和阴极电流不再相等，而是有净电流产生（即外电流或极化电流）。与此同时，单元周围其他单元也有电流流入（出）该单元，如图 4-30f 所示。如果将所有单元看成一个电路，则单元 (i,j) 就是电路中的一个节点，当电流达到稳态时，根据基尔霍夫第二定律可知，此时流入单元的电流和流出单元的电流相等，即 $\sum I_{\text{in}} = \sum I_{\text{out}}$。

根据这一条件，可以得到一个关于极化后单元腐蚀电位的方程。仍以单元 (i,j) 为例，该单元被 4 个邻居单元包围，由于每个单元都代表电解液，因此根据腐蚀电位的定义，$E^{i,j}$ 应该是壁面和溶液之间的电位差，即 $-E^{i,j}$ 表示溶液和壁面的电位差，因此从单元 $(i,j\text{-}1)$ 流入 (i,j) 的电流应为：

$$I_{\text{in}}^{x} = \frac{E^{i,j} - E^{i,j-1}}{R_{x_1}} \tag{4-36}$$

式中　R_{x_1}——溶液电阻。

类似地，从单元 (i,j) 流出到单元 $(i,j+1)$ 的电流为：

$$I_{\text{out}}^{x} = \frac{E^{i,j+1} - E^{i,j}}{R_{x_1}} \tag{4-37}$$

在 y 方向上，从单元 $(i+1, j)$ 流入到单元 (i,j) 的电流为：

$$I_{\text{in}}^{y} = \frac{E^{i,j} - E^{i+1,j}}{R_{y_1}} \tag{4-38}$$

式中　R_{y_1}——溶液电阻。

同理，从单元 (i,j) 流出到单元 $(i\text{-}1, j)$ 的电流为：

$$I_{\text{out}}^{y} = \frac{E^{i-1,j} - E^{i+1,j}}{R_{y_1}} \tag{4-39}$$

与此同时，由于极化而引起的法拉第电流为：

$$I_{\text{F}}^{i,j} = \frac{E^{i,j} - E_{\text{corr}}^{i,j}}{R_{\text{P}}^{i,j}} S_{\text{AA}'\text{B}'\text{B}} \tag{4-40}$$

式中　$S_{\text{AA}'\text{B}'\text{B}}$——图 4-30b 中曲面 AA′B′B 的面积，$S_{\text{AA}'\text{B}'\text{B}} = H\Delta\theta\Delta x_1$；

$R_P^{i,j}$ ——单元 (i,j) 的极化电阻，$\Omega \cdot m^2$。

假设极化电流方向为从壁面流入，将基尔霍夫第二定律应用于单元 (i,j)，则有：

$$\sum I_{in} = \sum I_{out} \tag{4-41}$$

将式（4-36）~式（4-40）代入式（4-41）得到：

$$-\frac{E^{i-1,j}}{R_{y_1}} - \frac{E^{i,j-1}}{R_{x_1}} + \left(\frac{2}{R_{x_1}} + \frac{2}{R_{y_1}} + \frac{S_{AA'B'B}}{R_P^{i,j}}\right)E^{i,j} - \frac{E^{i,j+1}}{R_{x_1}} - \frac{E^{i+1,j}}{R_{y_1}} = \frac{S_{AA'B'B}}{R_P^{i,j}}E_{corr}^{i,j} \tag{4-42}$$

对其他单元也做类似处理，就可以得到相应的离散方程。由于单元所处的位置不同，因此方程的形式也有所不同。以图 4-30d 中的单元 $(1,1)$ 为例：由于其左边和下面为绝缘边界，因此 I_{out}^r 和 I_{out}^x 分别为 0，所以对该单元应用基尔霍夫第二定律时，方程变为：

$$\left(\frac{1}{R_{x_1}} + \frac{1}{R_{y_1}} + \frac{S_{AA'B'B}}{R_P^{i,j}}\right)E^{i,j} - \frac{E^{i,j+1}}{R_{x_1}} - \frac{E^{i+1,j}}{R_{y_1}} = \frac{S_{AA'B'B}}{R_P^{i,j}}E_{corr}^{i,j} \tag{4-43}$$

其他边界处的单元也做类似处理，于是就可以得到所有单元的离散方程。

区域Ⅲ单元的方程与此类似，只要将式（4-42）中的电阻 R_{x_1}、R_{y_1} 改变为 R_{x_3}、R_{y_3}，并将 $S_{AA'B'B} = H\Delta\theta\Delta x$ 中的 H 改为 r 即可。

4.4.3.2 区域Ⅱ单元离散方程

与上节类似，对图 4-30d 中区域Ⅱ的单元 (t,s) 应用基尔霍夫第二定律得到与式（4-42）类似的离散方程：

$$-\frac{E^{i-1,j}}{R_{y_2}} - \frac{E^{i,j-1}}{R_{x_2}} + \left(\frac{2}{R_{x_2}} + \frac{2}{R_{y_2}} + \frac{S_{A'EFB'}}{R_P^{i,j}}\right)E^{i,j} - \frac{E^{i,j+1}}{R_{x_2}} - \frac{E^{i+1,j}}{R_{y_2}} = \frac{S_{A'EFB'}}{R_P^{i,j}}E_{corr}^{i,j} \tag{4-44}$$

式中　R_{x_2}，R_{y_2} ——该区域单元溶液的电阻；

　　　$R_P^{i,j}$ ——单元 (i,j) 的极化电阻，$\Omega \cdot m^2$。

另外，根据图 4-30c 可知：

$$S_{A'EFB'} = \frac{[H(x)\Delta\theta + (H(x) + dH)\Delta\theta]\Delta x}{2} \approx H(x)\Delta\theta\Delta x$$

由于 $H(x) = k(x_2 - l_1) + H$，因此：

$$S_{A'EFB'} = [k(x_2 - l_1) + H]\Delta\theta\Delta x$$

式中，$k = \dfrac{r - H}{l_2}$；x_2 的定义见图 4-30h。

式（4-44）为标准形式。当单元位于边界时，标准形式将有所改变，如图

4-30d 中的单元 (m,n)，由于其上面为绝缘边界，因此 I_{in}^y 为 0，所以对该单元应用基尔霍夫第二定律时，方程变为：

$$-\frac{E^{i-1,j}}{R_{y_2}} - \frac{E^{i,j-1}}{R_{x_2}} + \left(\frac{2}{R_{x_2}} + \frac{1}{R_{y_2}} + \frac{S_{A'EFB'}}{R_P^{i,j}}\right)E^{i,j} - \frac{E^{i,j+1}}{R_{x_2}} = \frac{S_{A'EFB'}}{R_P^{i,j}}E_{corr}^{i,j} \quad (4-45)$$

其他边界处的单元也做类似处理，于是就得到了区域 II 所有单元的离散方程。

4.4.3.3　区域 I 与区域 II 交界处单元离散方程

对于直管与变径管交界处的单元，如图 4-30d、g 中的单元 (i,k) 与 $(i,k+1)$，由于单元形状发生改变，因此电阻的计算也不同。对单元 (i,k) 应用基尔霍夫第二定律得到离散方程：

$$-\frac{E^{i-1,k}}{R_{y_1}} - \frac{E^{i,k-1}}{R_{x_1}} + \left(\frac{1}{R_{x_1}} + \frac{1}{R_{x_1,x_2}} + \frac{2}{R_{y_1}} + \frac{S_{AA'B'B}}{R_P^{i,j}}\right)E^{i,k} - \frac{E^{i,k+1}}{R_{x_{1-2}}} - \frac{E^{i+1,k}}{R_{y_1}}$$

$$= \frac{S_{AA'B'B}}{R_P^{i,k}}E_{corr}^{i,k} \quad (4-46)$$

而对于单元 $(i,k+1)$，方程则为：

$$-\frac{E^{i-1,\,k+1}}{R_{y_2}} - \frac{E^{i,k}}{R_{x_2}} + \left(\frac{1}{R_{x_2}} + \frac{1}{R_{x_1,x_2}} + \frac{2}{R_{y_2}} + \frac{S_{A'EFB'}}{R_P^{i,j}}\right)E^{i,k+1} - \frac{E^{i,k+2}}{R_{x_2}} - \frac{E^{i+1,k+1}}{R_{y_2}}$$

$$= \frac{S_{A'EFB'}}{R_P^{i,k+1}}E_{corr}^{i,k+1} \quad (4-47)$$

式中　R_{x_1,x_2}——单元 (i,k) 与单元 $(i,k+1)$ 之间的溶液电阻。

4.4.4　电阻的计算

4.4.4.1　区域 I、III 单元溶液电阻的计算

由于 3 个区域的单元形状、尺寸均不同，因此溶液电阻的计算方法也不尽相同。对于区域 I（见图 4-30g），单元 x 向电阻为：

$$R_{x_1} = \rho_s \frac{\Delta x_1}{S_{ABCD}} \quad (4-48)$$

而 y 向电阻为：

$$R_{y_1} = \rho_s \frac{R\Delta\theta}{S_{BB'C'C}} \quad (4-49)$$

由图 4-30g 可知：

$$S_{ABCD} = \pi\left[H^2 - (H-\delta)^2\right]\frac{\Delta\theta}{2\pi} \approx H\delta\Delta\theta \quad S_{BB'C'C} = \delta\Delta x_1$$

代入式（4-48）、式（4-49）得：

$$R_{x_1} = \frac{\rho_s \Delta x_1}{H \delta \Delta \theta} \tag{4-50}$$

$$R_{y_1} = \frac{\rho_s H \Delta \theta}{\delta \Delta x_1} \tag{4-51}$$

区域Ⅲ单元电阻的计算与此类似，只需将 H 替换成 r，Δx_1 替换成 Δx_3。

4.4.4.2　区域Ⅱ单元溶液电阻的计算

由于该区域单元宽度随 x 不断变窄，因此电阻的计算也不同。如图 4-30g 所示，在单元内取一微分体元，则单元间的电阻是这些微分电阻的积分，即：

$$R_{x_2} = \int_{x_{c1}}^{x_{c2}} \mathrm{d}R_{x_2} = \int_{x_{c1}}^{x_{c2}} \rho_s \frac{\mathrm{d}x}{S_{\mathrm{QXON}}} \tag{4-52}$$

式中　S_{QXON}——图 4-30g 中面 QXON 的面积，即：

$$S_{\mathrm{QXON}} = \frac{[H(x)\Delta\theta + (H(x) - \delta)\Delta\theta]\delta}{2}$$

代入式（4-52），并积分得到：

$$R_{x_2} = \frac{2\rho_s}{\Delta\theta k \delta} \ln \frac{2[k(x_{c2} - l_1) + H] - \delta}{2[k(x_{c1} - l_1) + H] - \delta} \tag{4-53}$$

式中　x_{c1}，x_{c2}——两个临近的单元中心坐标，见图 4-30h。

与此类似，y 向电阻也采用积分的方法计算，它是微分单元电阻的并联（见图 4-30g），即：

$$\frac{1}{R_{y_2}} = \int_{x_1}^{x_2} \frac{1}{\mathrm{d}R_{y_2}} = \int_{x_1}^{x_2} \rho_s \frac{H(x)\Delta\theta}{S_{\mathrm{B'FGC'}}}$$

式中　$S_{\mathrm{B'FGC'}}$——图 4-30 中 B'FGC' 的面积，$S_{\mathrm{B'FGC'}} = \delta \mathrm{d}x$，代入上式，得：

$$\frac{1}{R_{y_2}} = \int_{x_1}^{x_2} \frac{\delta \mathrm{d}x}{\rho_s \Delta\theta [k(x - l_1) + H]}$$

积分后得：

$$R_{y_2} = \frac{k\rho_s \Delta\theta}{\delta} \left[\ln \frac{k(x_2 - l_1) + H}{k(x_1 - l_1) + H} \right]^{-1} \tag{4-54}$$

式中　x_1，x_2——单元 x 向边界起始坐标，如图 4-30h 所示。

4.4.4.3　区域Ⅰ、Ⅱ交界单元溶液电阻的计算

对于直管和变径交界处的单元，例如 (i,k) 和 $(i,k+1)$，单元之间的电阻计算和前面有所不同。对于交界处的单元，其电阻应为：

$$R_{x_{1-2}} = \frac{1}{2}R_{x_1} + R'_{x_{1-2}}$$

$$R'_{x_1, x_2} = \int_{x_1}^{x_{c1}} \frac{2\rho_s \mathrm{d}x}{\{2[k(x - l_1) + H] - \delta\}\Delta\theta\delta} = \frac{2\rho_s}{\Delta\theta k\delta}\ln\frac{2[k(x_{c1} - l_1) + H] - \delta}{2[k(x_1 - l_1) + H] - \delta}$$

式中　　x_1，x_{c1}——分别为单元 x 向边界起始坐标和单元中心坐标，见图 4-30h。

对于区域 Ⅱ 与区域 Ⅲ 交界单元间 [$(i, k+z)$ 与 $(i, k+z+1)$] 电阻的计算与此类似。

4.5　计算结果分析

图 4-29b 为管道壁面的氧体积浓度分布。由图可见，氧主要集中在管道上部壁面附近，而下部氧的体积浓度较低，因此可以只考虑管道上部的腐蚀情况，而忽略下部的腐蚀。可以看出，在上部周向的中间部位，氧的体积浓度较大，而两侧相对较低；而在轴向，在管道出口附近，氧的体积浓度最高。

氧的分布决定了管道壁面的腐蚀情况。图 4-31a 和图 4-32a 分别是未考虑浓

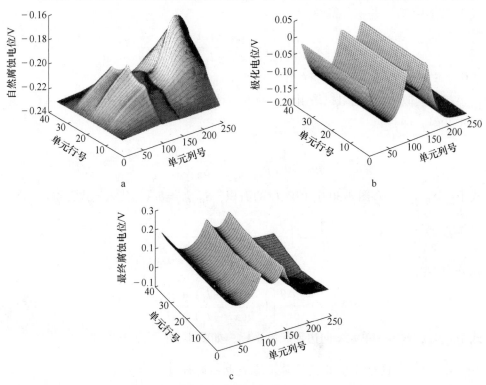

图 4-31　单元的电位分布

a—自然腐蚀电位分布；b—极化电位分布；c—最终腐蚀电位分布

差腐蚀（即此时单元间彼此绝缘）时的自然腐蚀电位和电流分布，它们与氧的分布有一定的相似性，即氧浓度高的部位，自然腐蚀电位和自然腐蚀电流较高，而浓度低的部位，电位和电流也较低。

这是不考虑浓差腐蚀时管壁的基本腐蚀情况。但是由于单元实际上是连通的，单元自然腐蚀电位的差异，必然导致单元之间存在电流流动，因此自然腐蚀电位必然发生极化，同时单元的阳极反应电流和阴极反应电流的绝对值不再相等，即存在极化电流。图 4-31b 和图 4-32b 分别为极化电位和极化电流分布图，可见极化是比较复杂的。极化后的最终腐蚀电位和腐蚀电流如图 4-31c 和图 4-32c 所示。

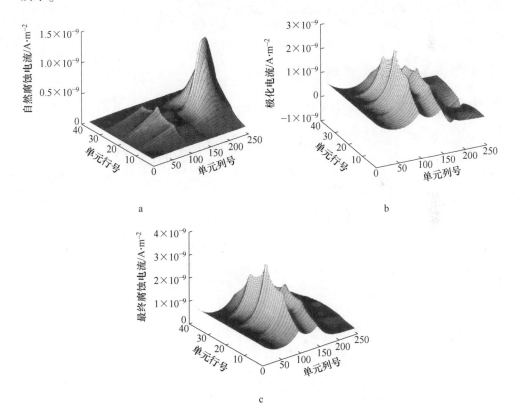

图 4-32　单元的电流分布

a—自然腐蚀电流分布；b—极化电流分布；c—最终腐蚀电流分布

为能更详细地阐述浓差腐蚀机制，选择 9 个有一定代表性的单元行（列），如图 4-33a 所示。由图 4-33b 可以看出，每一列单元的电位均发生极化，但极化程度和类型不同。例如第 1 列单元，极化程度最高，且均为阳极极化，即腐蚀电位升高。这是因为该列单元的自然电位最低，因此电流以流入单元为主，故产生阳极极化；第 49 列和第 99 列与此类似，也以阳极极化为主，但极化程度低一些，这是因为这两列单元的自然腐蚀电位都要高于第 1 列，因此电流就不一定以流入为主，故极化程度低于第 1 列。与此同时，第 49 列与第 99 列相比，第 49 列的极化程度低于第 99 列，原因也是因为第 49 列单元的自然腐蚀电位高于第 99 列。

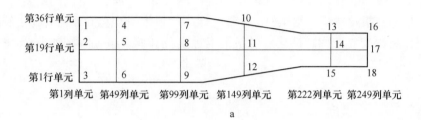

a

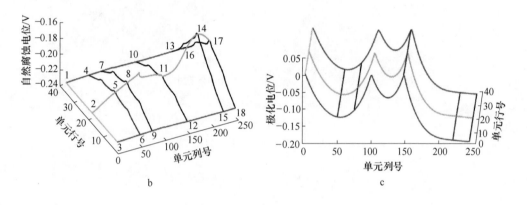

b　　　　　　　　　　　　　　c

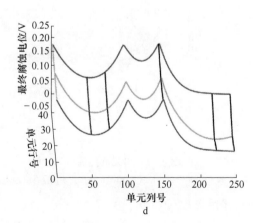

d

图 4-33　行（列）的电位分布

a—所选择的单元；b—自然腐蚀电位分布；c—极化电位分布；d—最终腐蚀电位分布

对于第 222 列和第 249 列，极化情况更加复杂，在周向中间部位产生阴极极化，这是因为这个位置自然腐蚀电位非常高，因此单元电流多处于流出状态，故以阴极极化为主。但这些列单元的极化也有共同之处，就是周向两侧边缘的极化程度高于中间，这是因为氧体积浓度在该处较低而中间高，两侧腐蚀电位低于中间，故极化程度高于中间。

在极化电位作用下产生极化电流，分布如图 4-34b 和图 4-35b 所示。总的规律是：阳极极化引起阳极电流，阴极极化引起阴极电流，而最终腐蚀电流为自然腐蚀和极化电流的代数和，如图 4-34c 所示。可以看出，极化电流与自然腐蚀电流相比，基本处于同一数量级，对最终腐蚀电流分布有很大影响，考虑和不考虑浓差腐蚀，结果差别很大。原来腐蚀电流较大的地方，当考虑浓差腐蚀后，腐蚀电流有所降低，而原来腐蚀电流较小的部位则有所增大，而且如果不考虑溶液电阻，最终所有单元的电位将趋于一致。

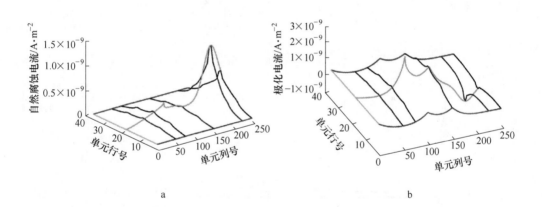

a　　　　　　　　　　　　　　　　　b

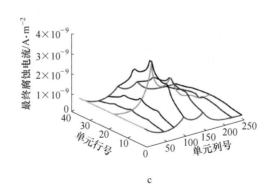

c

图 4-34　单元行（列）的电流分布

a—自然腐蚀电流分布；b—极化电流分布；c—最终腐蚀电流分布

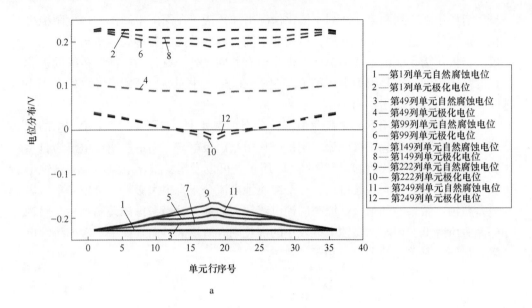

1—第1列单元自然腐蚀电位
2—第1列单元极化电位
3—第49列单元自然腐蚀电位
4—第49列单元极化电位
5—第99列单元自然腐蚀电位
6—第99列单元极化电位
7—第149列单元自然腐蚀电位
8—第149列单元极化电位
9—第222列单元自然腐蚀电位
10—第222列单元极化电位
11—第249列单元自然腐蚀电位
12—第249列单元极化电位

a

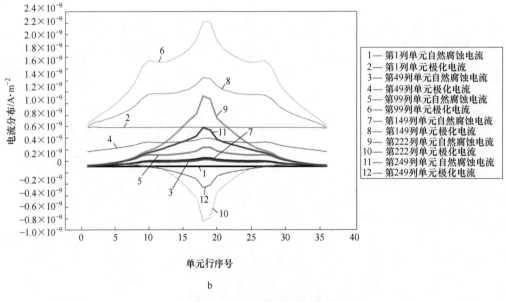

1—第1列单元自然腐蚀电流
2—第1列单元极化电流
3—第49列单元自然腐蚀电流
4—第49列单元极化电流
5—第99列单元自然腐蚀电流
6—第99列单元极化电流
7—第149列单元自然腐蚀电流
8—第149列单元极化电流
9—第222列单元自然腐蚀电流
10—第222列单元极化电流
11—第249列单元自然腐蚀电流
12—第249列单元极化电流

b

图 4-35　极化机制的详细描述

a—电位极化分析；b—电流极化分析

4.6　小结

（1）计算结果表明，二维模型能较深入地揭示海水管路浓差腐蚀的机制。

（2）浓差腐蚀对自然腐蚀电位和电流的分布会产生很大的影响，不考虑浓差腐蚀的研究结果，将存在很大的误差，这是因为忽略了浓差腐蚀引起的极化。

（3）浓差腐蚀使得原来自然腐蚀电位较低的部位产生阳极极化，极化电流为阳极电流，腐蚀速度有所增大；而原来自然腐蚀电位较高的部位将产生阴极极化，极化电流为阴极电流，导致该处腐蚀速度有所下降。结果还显示，浓差腐蚀有将腐蚀电位均匀化的作用，如果忽略溶液电阻，则所有单元的腐蚀电位最终将趋于一致，这与电化学极化理论相符。

参 考 文 献

[1] Evants U R. The Corrosion of Metals [M]. London: Arnold, 1926: 93.

[2] Matsumura M. A case study of a pipe line burst in the mihama nuclear power plant [J]. Materials and Corrosion, 2006, 57 (11): 872-882.

[3] Zhang G A, Zeng L, Huang H L, et al. A study of flow accelerated corrosion at elbow of carbon steel pipeline by array electrode and computational fluid dynamics simulation [J]. Corrosion Science, 2013, 77: 334-341.

[4] Su Fangteng. Calculation of the corrosion current of oxygen concentration cell of low alloy steel in seawater [J]. Journal of Chinese Society Corrosion and Protection, 1981, 1 (1): 25-35.

[5] Liu Yan, Wu Yuanhui, Luo Suxing. Macrocell corrosion of Q235 steel in polluted soils due to the difference of oxygen concentration [J]. Corrsoion & Rpotection, 2008, 29 (8): 438-441.

[6] Xie Jianhui, He Jiquan, Wu Yinshun. Investigation on oxygen concentration difference macrocell corrosion for steel A3 [J]. Journal of University of Science and Technology Beijing, 1994, 16 (3): 59-63.

[7] Cuo Jinnian, Huang Yamin, Lin Lian, et al. The study of the oxygen concentration cell corrosion of low alloy steel in seawater [J]. Journal of Chinese Society of Corrosion and Protection, 1982, 2 (1): 59-66.

[8] De Gruyter J, Mertens S F L, Temmerman E. Corrosion due to differential aeration reconsidered [J]. Journal of Electroanalytical Chemistry, 2001, 506 (1): 61-63.

[9] Msallamová Š, Novák P, Kouřil M, et al. The differential aeration cell and the corrosion paradox [J]. Materials and Corrosion, 2015, 66 (5): 498-503.

[10] Martins J I, Nunes M C. Reconsidering differential aeration cells [J]. Electrochimica Acta, 2006, 52 (2): 552-559.

[11] Lu Xiaofeng, Zhu Xiaolei, Ling xiang. A novel model for predicting flow accelerated corrosion retain reducer [J]. Journal of Chinese Society for Corrosion and Protection, 2011, 6 (31): 31-35.

[12] Zhu Xiaolei, Lu Xiaofeng, Ling xiang. A novel method to determine the flow accelerated corrosion [J]. Materials and Corrosion, 2013, 64 (6): 486-492.

[13] Song Guangling. Potential and current distributions of one-dimensional galvanic corrosion systems [J]. Corrosion Science, 2010, (52): 455-480.

[14] Thomas L Floyd, David M Buchla. Electronics Fundamentals Circuits, Devices, and Applica-

tions [M]. Beijing：Tsinghua University Press，2014：171.

[15] 曹楚南. 腐蚀电化学原理 [M]. 北京：化学工业出版社，1985.

[16] Carl H Hamann，Andrew Hamnett，Wolf Vielstich. Electrochemistry [M]. Beijing：Chemistry Industry Press，2010：61.

[17] 刘斌，刘英伟，武兴伟. 海洋船舶腐蚀与防护仿真分析 [M]. 北京：冶金工业出版社，2019.

[18] 马慧，王刚. COMSOLMultiphysics 基本操作指南和常见问题解答 [M]. 北京：人民交通出版社，2009.

[19] http：//www. pointwisecom/yplus/.

5 动态条件下海水中船体腐蚀速度分析

5.1 概述

海洋中行驶的战舰，无时无刻不在受到海水的腐蚀，但相比于静态条件（战舰和海水的相对速度为零），动态条件下海水对舰体的腐蚀速度要大得多，腐蚀机制也复杂得多。这种机制称为流动加速腐蚀（accelerated flow corrosion，FAC）。这一机制包含两层含义：其一是在流体的冲刷下，对材料表面起腐蚀防护作用的氧化膜或其他类型的保护膜会加速溶解而变薄（尤其海水中含有氯离子的情况下），从而导致腐蚀加速（机制一）；其二是处于流动状态下的海水会大大加快氧化剂的输运，从而加速电化学反应，导致腐蚀速度加快，这一机制是基于扩散传质控制（机制二）。最典型例子就是：在动态条件下，船体和海水之间有相对速度，船舶将带动周围的海水流动，在船体周围一定范围的水域内，会形成一个流场，流场中的流速、压力分布很不均匀，这导致海水中氧的分布也很不均匀。海水中的氧是一种强去极化剂，当它和船体表面接触后会发生式（5-11）、式（5-12）所示的耦合反应，从而导致船体的腐蚀。由于氧是阴极反应的参与者，因此它的分布与扩散对船体的腐蚀有直接的影响，尤其当氧的扩散成为腐蚀过程的控制步骤时，这种影响尤为突出。

基于扩散传质控制的腐蚀机制，氧的分布对腐蚀影响很大。船体周围海水的流动属于湍流，流场主体为湍流区，存在流体的剧烈掺混，而在船体表面，由于船体的黏附作用而存在一个很薄的边界层，层内流体的流动仍受黏性影响属于层流。湍流区的氧由于流体剧烈的掺混作用，其浓度分布可看做是均匀的；而边界层中的氧由于参与电化学反应而不断消耗，因此浓度分布有一个梯度：表面处的氧浓度最低，随着离壁面距离的增大，浓度逐渐升高最终达到湍流主体区域的浓度。在浓度梯度的驱动下，层流与湍流交界之处的氧不断向表面扩散以补充氧的消耗。由于这一扩散是通过边界层进行的，因此边界层的厚薄就决定了浓度梯度（或扩散驱动力）的大小。当海水流速增大时，边界层会变薄，浓度梯度变大，因而氧的扩散加速，这样表面的腐蚀速度就会加快。

目前对 FAC 的研究很多，但大部分集中在管道方面，且以机制一居多[1~5]，少部分学者的研究重点放到机制二方面[6~8]。而关于船体方面的 FAC 研究很少，但这并不说明这方面的研究不重要，相反为了能够对船体施加更好的腐蚀防护，对船体的 FAC 研究十分必要。这是因为对船体实施防护时，往往将涂层保护和阴极保护结合起来，发挥二者的协同作用，使保护效果最大化。但当实施阴极保护时，不管是牺牲阳极方法还是外加电流方法，要得到好的防护效果，就必须科学合理地确定阳极的位置，而位置确定必须根据船体的实际腐蚀情况，也就是在 FAC 条件下船体各部位的腐蚀情况。

不过要想了解 FAC 条件下船体的腐蚀情况，用实验的方法将是非常困难的，因为在海水流动的情况下，测量难度很大，同时由于船体表面积巨大使得测量工作量很大，有时甚至无法进行。而采用数值模拟的方法可以较好地解决这一问题。本章基于 CFD 方法，首先计算动态条件下的流场信息，包括流速、压力等，然后以此为基础建立了扩散控制的腐蚀模型[9]，最后计算得到了表面各处氧的扩散传质系数以及腐蚀速度。

5.2 流体力学模型

5.2.1 求解域的划定

战舰在海水中航行时舰体具有一定的速度，同时海水也以一定的速度在流动，综合起来，二者之间一定存在一个相对速度，舰体和海水之间以相对速度相向而行。因此在研究时，可以假设舰体静止，而海水以相对速度迎着舰体流动。不难想象，当流体和舰体相遇然后流经舰体表面时，舰体的存在必然对流体的流动情况产生重大影响，使流场变得复杂。而在船体周围一定距离之外，海水的流动可以看作为不受影响，用数学语言描述，就是 $\dfrac{\partial W}{\partial z}=0$。$W$ 为诸如压力、速度等物理量，z 为离开舰体的距离。因此可以把舰体周围适当空间范围内的海水作为流体研究对象，认为在此区域内的海水流动受舰体的影响，而在空间之外的流体不受影响。一般这一空间范围取为舰体三维尺寸的 3~5 倍。

图 5-1a、b 所示的并不是一艘真正的战舰，只是采用了一个小艇作为研究对象。尽管小艇和战舰无法相比，但是研究的思路以及所研究的结果是可以作为参考的。图 5-1 为小艇的几何模型及其主要尺寸，图 5-1c 中的长方体代表围绕艇体的流体。接下来用布尔操作，将船艇体从长方体中减去，就得到了所研究的流体区域几何模型，见图 5-1d。这一模型由若干平面和部分船体表面曲面合围而成。

5.2.2 控制方程

流体以一定速度流经艇体时，必将产生复杂的流场。其中的流速、压力、氧浓度等都有较为复杂的分布。而这些分布直接影响着动态条件下船体的腐蚀，因

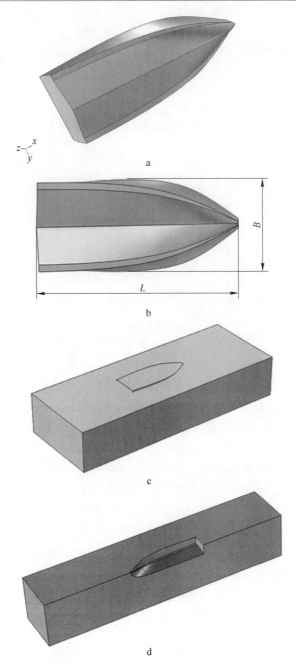

图 5-1　船体几何信息

a—船体；b—船体尺寸；c—船体周围流体；d—求解域

此必须得到这些信息，这就需要用流体力学的知识求解得到。流体在流场流动时，遵循三大守恒定律：质量守恒、动量守恒和能量守恒。这些在前面的章节已经介绍过了。由于本研究不涉及热量的传输，因此只用到了质量守恒和动量守恒方程，即 Navier-Stokes 方程：

$$\frac{\partial \rho}{\partial t} + \nabla \cdot (\rho \boldsymbol{u}) = 0 \tag{5-1}$$

$$\frac{\partial}{\partial t}(\rho \boldsymbol{u}) + \nabla \cdot (\rho \boldsymbol{u}\boldsymbol{u}) = -\nabla p + \nabla \cdot (\bar{\tau}) \tag{5-2}$$

式中　ρ——流体密度，kg/m^3；

　　　　$\boldsymbol{u}$——流场速度矢量，m/s；

　　　　$\bar{\tau}$——流体剪切力，N/m^2。

流体剪切力表达式为：

$$\bar{\tau} = \mu \left[(\nabla \boldsymbol{u} + \nabla \boldsymbol{u}^T) - \frac{2}{3} \nabla \cdot \boldsymbol{u} I \right] \tag{5-3}$$

其中 μ 为有效黏度，由湍流模型确定，计算公式为：

$$\mu = \mu_1 + \mu_t \tag{5-4}$$

5.2.3　湍流模型

除此之外，由于流体的流动属于湍流，因此要选择一个合适的湍流模型。目前关于湍流的模型很多，例如：零方程模型、两方程模型以及雷诺应力模型和大涡模拟模型等[10]，这些模型有各自的特点和适用范围，因此必须选择一个适合本研究的模型。本书选择 RNG κ-ε 模型。RNG κ-ε 模型是标准 κ-ε 模型的改进型。标准 κ-ε 模型是由 Launder-Spalding 于 1974 年提出的[11]，是基于 Boussinesq 假设的两方程模型，而 RNG κ-ε 模型是由 Yakhot 和 Osrszag 采用严格的统计方法导出的模型[12]，方程在形式上和标准 κ-ε 模型很相似，不同之处是在涡流黏性方程里增加一项，用以提高应变流的计算精度。本章要研究的是船体表面附近氧的传质过程，而氧的传质是通过边界层实现的，在边界层内黏性力占主导地位，属于低雷诺数黏性流，流体速度梯度很大，而边界层外的湍流区由于流体掺混剧烈，因而速度梯度不大。因此所选的湍流模型必须能够反映上述特点。RNG κ-ε 模型能够提出一个解析方程，该方程考虑了低雷诺数的黏性流，能够准确地描述壁面附近的速度分布，符合计算的需要。采用这一模型的时候，为了能精确地计算出壁面附近层流层的速度分布，对壁面附近网格有很高的要求，即要求壁面的第一层网格高度为 $y^+ \approx 1$。

RNG κ-ε 模型的数学表达式为：

$$\frac{\partial}{\partial t}(\rho \kappa) + \nabla \cdot (\rho \boldsymbol{u} \kappa) = \nabla \cdot \left[\left(\mu_1 + \frac{\mu_t}{\sigma_\kappa} \right) \nabla \kappa \right] + G_\kappa - \rho \varepsilon \tag{5-5}$$

$$\frac{\partial}{\partial t}(\rho\varepsilon) + \nabla\cdot(\rho\boldsymbol{u}\varepsilon) = \nabla\cdot\left[\left(\mu_1 + \frac{\mu_t}{\sigma_\varepsilon}\right)\nabla\varepsilon\right] + C_{1\varepsilon}\frac{\varepsilon}{\kappa}G_\kappa - C_{2\varepsilon}\rho\frac{\varepsilon^2}{\kappa} \quad (5\text{-}6)$$

式中　κ, ε——分别为湍动能和湍流耗散率;

　　　μ_t——湍流黏度,$\mu_t = C_\mu\rho\dfrac{\kappa^2}{\varepsilon}$;

　　　G_κ——湍动能 κ 的产生项;

　　　μ_1——流体黏度;

其他参数见表 5-1。

表 5-1　模型参数

参数	C_μ	σ_κ	σ_ε	$C_{1\varepsilon}$	$C_{2\varepsilon}$
RNG κ-ε	0.09	1.0	1.3	1.42	1.68

5.2.4　模型离散

采用有限元计算流场之前,首先要进行几何体的离散。在离散时有一些需要确定的地方。首先就是边界层厚度的确定。由于本研究采用 RNG κ-ε 模型,为了能精确地计算出壁面附近层流层的速度分布,对壁面附近网格有很高的要求,即要求壁面的第一层网格高度为 $y^+ \approx 1$。在网格划分的时候,y^+ 的实际物理距离与流速有很大关系。根据前面的知识可知:

$$y^+ = \frac{yu_\tau}{\nu} \quad (5\text{-}7)$$

$$u_\tau = \sqrt{\frac{\tau_w}{\rho}} \quad$$

式中　ρ——水的密度;

　　　τ_w——壁面剪切力,由下式确定:

$$\tau_w = \frac{1}{2}C_f\rho v_{\text{freestream}}^2 \quad (5\text{-}8)$$

式中　C_f——流体对船体表面的黏度阻力系数;

　　　$v_{\text{freestream}}$——自由流流速。

C_f 可以通过下式确定:

$$C_f = (2\lg Re - 0.65)^{-2.3} \quad (5\text{-}9)$$

式中　Re——雷诺数,定义如下:

$$Re = \frac{\rho v_{\text{freestream}} L_{\text{boundarylayer}}}{\mu} \quad (5\text{-}10)$$

式中　μ——动力黏度;

$v_{freestream}$——可以近似认为是入口速度；

$L_{boundarylayer}$——船体的宽度，具体定义见图 5-1b，具体数据见表 5-2。

表 5-2　建模所需参数

$\rho/kg \cdot m^{-3}$	$\mu/Pa \cdot s$	L/m	B/m	入口氧浓度/mol·m^{-3}
1000	1.03×10^{-3}	2	1.8	2.3×10^{-4}

这样边界层第一层网格高度就可以表示为：

$$y = \frac{\sqrt{2}\nu y^+}{\sqrt{(2 \lg Re - 0.65)^{-2.3} v_{freestream}^2}} \tag{5-11}$$

它与流体速度有很大关系。不同流速的 y 值参见表 5-3。

边界层第一层网格高度确定后，就可以划分网格了。图 5-2 为网格划分结果。

表 5-3　单元高度与速度的关系

流速/m·s^{-1}	0.3	0.5	0.7
雷诺数	5.8823×10^6	9.8039×10^6	13.7254×10^6
C_f	2.7956×10^{-3}	2.586×10^{-3}	2.460×10^{-3}
$\tau_w/N \cdot m^{-2}$	0.125802	0.32325	0.6027
第一层单元高度/m	5.07766×10^{-4}	1.97612×10^{-4}	1.05986×10^{-4}

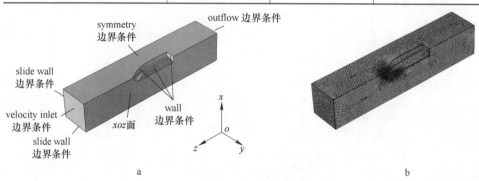

图 5-2　有限元模型

a—边界条件；b—网格划分

5.2.5　边界条件

在进行求解时必须给模型施加边界条件。由于所研究的流体区关于 zox 对称，因此只取一段研究即可，如图 5-2a 所示。顶面和 xoz 面设置为对称边界条件，而船体曲面部分设置为 wall 边界条件，底面和侧面则设置为滑动壁面边界条件，另外还有入口速度边界条件和出口压力边界条件等。另外在入口处设定氧的浓度为定值，具体见表 5-3。

5.2.6 腐蚀模型

海水对船体钢铁材料的腐蚀，如果只考虑氧的话，则腐蚀过程可用式(5-12)和式 (5-13) 所示的电化学反应表示：

$$2Fe \longrightarrow 2Fe^{2+} + 4e \tag{5-12}$$

$$O_2 + 2H_2O + 4e \longrightarrow 4OH^- \tag{5-13}$$

而在动态条件下，海水对钢铁的腐蚀仍可用该反应表示，但反应条件与静态条件有很大的不同，主要体现在两方面：其一是在流体的冲刷下，对材料表面起腐蚀防护作用的氧化膜或其他类型的保护膜会加速溶解而变薄（尤其海水中含有氯离子的情况下），从而导致电化学反应加速；其二是处于流动状态下的海水会大大加快氧的输运，从而加速电化学反应。由此可见，动态条件下，氧向船体表面的传输速度大大加快，从而加速腐蚀。由于电化学反应的电子传输过程很快，因此上述反应是基于扩散控制的，氧向船体表面的扩散速率（传质系数）就决定了电化学反应即腐蚀速度。所以只要确定了氧向船体表面的扩散速率，腐蚀速度就随之确定了。

根据扩散传质理论，氧向船体表面的扩散流量可以用下式表示：

$$J_{O_2} = K_{m,O_2}(C_{b,O_2} - C_{wall,O_2}) \tag{5-14}$$

式中　K_{m,O_2}——氧扩散时的传质系数，m/s；

　　　C_{b,O_2}——湍流区中氧的浓度，mol/L；

　　　C_{wall,O_2}——壁面附近氧的浓度，mol/L。

C_{b,O_2} 即是表 5-2 中给定的数值，而 C_{wall,O_2} 可以通过有限元计算出来，因此如果 K_{m,O_2} 再确定的话，则扩散通量就可以确定，腐蚀速率也随之确定。

根据前面的讨论可知，在船体表面由于船体的黏附作用而存在一个很薄的边界层，层内流体的流动仍受黏性影响属于层流。边界层中的氧由于参与电化学反应而不断消耗，因此浓度分布有一个梯度：表面处的氧浓度最低，随着离壁面距离的增大，浓度逐渐升高最终达到湍流主体区域的浓度。在浓度梯度的驱动下，边界层内氧的扩散通量为：

$$J_{O_2}^{cell-wall} = D_{O_2} \frac{C_{cell,O_2} - C_{wall,O_2}}{d_{cell}} \tag{5-15}$$

式中　D_{O_2}——氧的扩散系数，可以通过式 (5-16) 计算[12]；

　　　d_{cell}——壁面和壁面附近流体第一层单元中心之间的距离。

$$D_{O_2} = (1.25V_A - 0.365) \times 10^{-8} \times \mu^{V_A^{0.58} - 1.12} T^{1.52} \tag{5-16}$$

式中　V_A——氧的摩尔体积，$22.4 \times 10^{-3} m^3/mol$；

μ ——黏度，$1.01 \times 10^{-3}\,\mathrm{Pa \cdot s}$；

T ——海水温度，298K。

根据以前的分析可知 $J_{O_2}^{\mathrm{cell\text{-}wall}} = J_{O_2}$，于是可以确定 K_{m,O_2} 如下式所示：

$$K_{\mathrm{m},O_2} = \frac{D_{O_2}(C_{\mathrm{cell},O_2} - C_{\mathrm{wall},O_2})}{d_{\mathrm{cell}}(C_{\mathrm{b},O_2} - C_{\mathrm{wall},O_2})} \tag{5-17}$$

由于电化学反应的控制步骤为扩散，因此可以认为氧一经扩散到船体表面，就立刻参加电化学反应消耗掉，即 $C_{\mathrm{wall},O_2} = 0$，这样式（5-17）变为：

$$K_{\mathrm{m},O_2} = \frac{D_{O_2} C_{\mathrm{cell},O_2}}{d_{\mathrm{cell}} C_{\mathrm{b},O_2}} \tag{5-18}$$

这样传质系数 K_{m,O_2} 就确定了，于是可以得到船体表面的腐蚀速度：

$$J_{\mathrm{Fe}} = 2 K_{\mathrm{m},O_2} C_{\mathrm{b},O_2} \tag{5-19}$$

由此确定了传质系数，之后就可以求出反应铁的溶解流率，即腐蚀速率：

$$J_{\mathrm{Fe}} = 2 J_{O_2} \tag{5-20}$$

5.3　结果分析

5.3.1　速度场分析

图 5-3a 为 *xoz* 面的速度分布云图。可以看出，流体流动明显存在高速区和低速区，图中的 *a* 区域为低速区，*b* 为高速区。它们的形成原因是这样的：（1）当流体迎着船头流向船体时，船体边界（ship wall）和流场边界（sliding wall）之

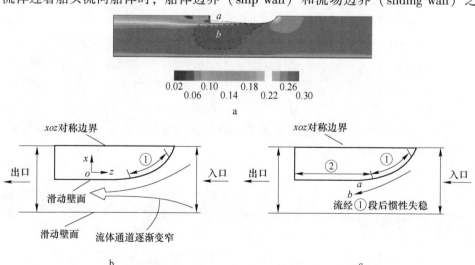

图 5-3　*xoz* 截面速度场

a—速度场；b—速度场分析示意图；c—管道弯部流体流动

间构成流动通道，如图 5-3b 所示。流体从通道入口开始，流动空间逐渐变窄，根据流体连续性假设，在狭窄的部位，流体流速加快。（2）与此同时，流体迎面和船体相遇后，将直接冲击图 5-3b 所示①段边界，流体流过①段后，由于惯性作用将如图 5-3c 所示那样，使 a、b 两处流体的速度发生分离，即形成高速区和低速区。（3）由于船体表面对流体的黏附作用，紧贴船体表面的 a 部位流体的流速会较低。综合以上原因，流体在流经船体表面时，部分流体流速较快，而部分流体流速较慢。

5.3.2 压力分布

流速和压力有一定关系。由于流体流动时流动"通道"越来越窄，因此流速逐渐加快，造成在船尾出口附近流速很大。根据流体力学知识可知，流体流经表面的速度越大，则对表面的压力就越小。这和速度差产生飞机升力的道理一样。这样在船尾附近形成一个低压区 s，如图 5-4a 所示。

图 5-4b~d 为另一个角度显示的船体表面压力分布云图。从中可以看出：船体尾部压力较低，而且随着入口速度的增大，船尾表面的压力越低。

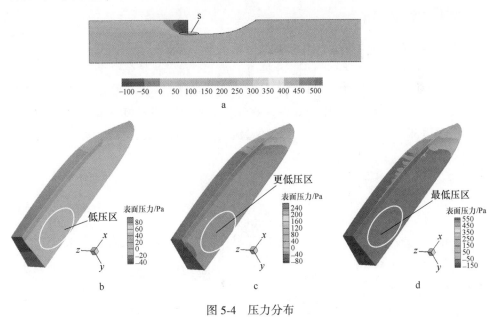

图 5-4 压力分布

a—xoz 截面压力分布；b—入口速度 0.3m/s 时船体表面压力分布；c—入口速度 0.5m/s 时船体表面压力分布；d—入口速度 0.7m/s 时船体表面压力分布

5.3.3 氧浓度分布

根据 5.3.2 节的分析可知，船体表面后部压力较低，而且随着流体速度的增大，压力变得更低。在流体内压力较高的区域，氧不易聚集，而在压力较低的部位，则有利于氧的聚集。故船体表面尾部有利于氧的聚集，而且流速越大，氧的浓度越高，如图5-5所示。

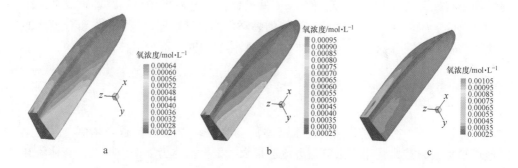

图 5-5　氧浓度分布

a—入口速度 0.3m/s 时船体表面氧浓度分布；b—入口速度 0.5m/s 时船体表面氧浓度分布；

c—入口速度 0.7m/s 时船体表面氧浓度分布

5.3.4　腐蚀速度分布

船体表面的腐蚀主要是电化学腐蚀，而氧是主要参与者。因此氧浓度较高的部位，自然腐蚀速度大一些。图5-6是根据式（5-18）计算得到的传质系数。可以看出，在船体尾部传质系数较高，且随着流速的增加而变大。图5-7为根据式（5-20）计算得到的腐蚀速度分布图。它和传质系数的分布规律是一致的，即在船体表面后部，腐蚀速度较大，并且随着流速增大，腐蚀速度也增大。

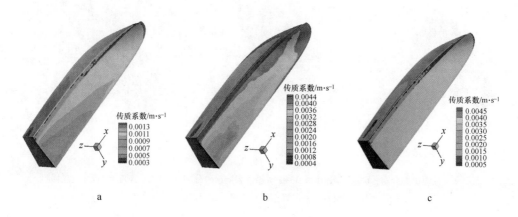

图 5-6　传质系数分布

a—入口速度 0.3m/s 时传质系数分布；b—入口速度 0.5m/s 时传质系数分布；

c—入口速度 0.7m/s 时传质系数分布

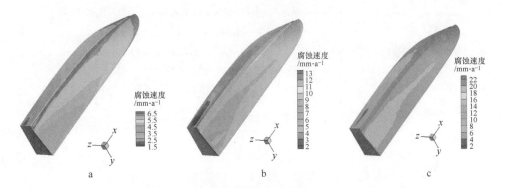

图 5-7　腐蚀速度分布

a—入口速度 0.3m/s 时腐蚀速度分布；b—入口速度 0.5m/s 时腐蚀速度分布；

c—入口速度 0.7m/s 时腐蚀速度分布

参 考 文 献

［1］ 车鹏程，刘广兴，程义. 流动加速腐蚀对电站 3 号高加管束影响的综述及换热管材质对 FAC 影响的分析［J］. 锅炉制造，2017（3）：58-61.

［2］ 肖卓楠，王超，徐鸿. 超超临界机组流动加速腐蚀的分析与控制［J］. 热能动力工程，2019，34（6）：142-146.

［3］ 肖卓楠，白冬晓，王超. 超临界机组疏水系统发生流动加速腐蚀的影响因素以及预防［J］. 工业安全与环保，2019，45（1）：70-75.

［4］ 陈艳，黄威，董彩常. 海水管路冲刷腐蚀数值模拟研究现状［J］. 装备环境工程，2016，13（4）：48-55.

［5］ 杨元龙. 流动冷却水对船舶管路的冲刷加速腐蚀机理［J］. 船海工程，2015，44（4）：82-87.

［6］ Ferng Y M, Ma Y P, Chung N M. Application of local flow models in predicting distributions of erosion-corrosion locations［J］. Corrosion, 2000, 56（2）: 116-123.

［7］ Lin C H, Ferng Y M. Predictions of hydrodynamic characteristics and corrosion rates using CFD in the piping systems of pressurized-water reactor power plant［J］. Annals of Nuclear Energy, 2014, 65: 214-222.

［8］ Ahmed W H, Bello M M, El Nakla M, et al. Flow and mass transfer downstream of an orifice under flow accelerated corrosion conditions［J］. Nuclear Engineering and Design, 2012, 252: 52-67.

［9］ Keating A, Nešić S. Numerical prediction of erosion-corrosion in bends［J］. Corrosion, 2001, 57（7）: 621-633.

［10］ 温正. FLUENT 流体计算教程［M］. 北京：清华大学出版社，2007.

［11］ Launder B E, Spalding D B. The numerical computation of turbulent flows［J］. Computer Methods in Applied Mechanics and Engineering, 1974, 3: 269-289.

[12] Yakhot V, Orszag S A. Renormalization group analysis of turbulence. Ⅰ. Basic theory [J]. Journal of Scientific Computing, 1986, 1 (1): 1-51.

[13] Hayduk W, Minhas B S. Correlations for prediction of molecular diffusivities in liquids [J]. The Canadian Journal of Chemical Engineering, 1982, 60: 295-299.

6 舰艇外加电流阴极保护设计

6.1 概述

常年浸泡在海水中的舰艇，持续地受到海水的腐蚀，使舰体遭到破坏，影响使用寿命，因此必须采取措施阻止腐蚀的发生。对其涂敷防腐涂层是最基本的保护方法。但由于涂层老化、破损等原因，该方法不能彻底地杜绝腐蚀。外加电流阴极保护（impressed current cathodic protect，ICCP），以其保护寿命长，电位、电流可调节性强等优点成为防腐的首选[1~7]。通过外电源向舰体表面注入电流，使表面发生阴极极化，当极化电位达到保护电位后（800mV，参比电极为 Ag/AgCl/Seawater），腐蚀就被抑制了[8~14]。不过，在实际防腐中，一般常将该方法和涂层结合起来使用，发挥其协同效应。

尽管 ICCP 方法理论上很简单，但实施起来却并非易事，有很多实际问题期待解决。首先遇到的问题是：如何确定外加电流的大小？其次是如何合理地布置辅助阳极？一个好的保护方案应该取得如下效果：在尽可能小的外加电流下，船体表面的保护面积达到最大。传统的确定外加电流的方法是基于平均电流密度的概念，即被保护构件表面各处的电流密度均相同。根据这一假设，将电流密度乘以保护面积就等于总电流，然后用总电流除以电极个数就得到每个阳极的输入电流大小。但这种计算方法显得粗糙，因为船体表面为曲面，曲率分布不均匀，因此表面各处的电流密度肯定不一样，据此确定的输入电流显得不够精确；另外，辅助阳极的位置对表面电位、电流的分布也有重要影响：当外加电流一定时，不同的阳极位置对应着不同的电位分布，因此一定存在一个最佳的阳极位置，使得此时船体的保护面积达到最大。但是确定最佳阳极位置是一件比较困难的事，采用实验的方法很难奏效，这是因为船体表面巨大，理论上的可能位置很多，实验量十分巨大。

采用数值模拟的方法，可以在一定程度上解决上述问题。国外在很早就尝试采用数值方法对 ICCP 的辅助阳极位置进行优化[17~21]。这些研究主要采用边界元理论[22]，利用一定的方法[23]得到关于船体表面的电位的方程组，并在一定的边界条件下求解该方程，从而得到表面电位分布。在求解期间，将表面各节点电位与保护电位之差的平方和最小化作为惩罚函数，通过不断调整辅助阳极位置，使平方和达到最小，此时的电极位置就是最佳位置。这种方法有着严格的理论基础，理论上能够得到最优解。但此种方法在处理辅助阳极的时候，将它看做点源，而忽略其尺寸形状。实际上，阳极的尺寸形状对电位分布有很大影响，简化为点是不合适的。

　　本章提出了一套算法，相比起来很简单，没有上述方法复杂，但简单实用。这就是利用 MATLAB 中的脚本控制 COMSOL 的运行，利用 COMSOL 计算各种布局下的电位分布和保护面积的大小，采用交替搜索的策略，交替地改变电流大小和阳极位置，逐渐逼近最佳方案。

6.2　船体表面电位分布

6.2.1　控制方程

　　图 6-1 为带有四个辅助阳极的船体几何模型，阳极材料为惰性有色金属铂。当船体浸没在海水中时，除了铂表面外，其他表面将遭受海水的腐蚀，发生如下电化学反应：

$$2Fe \longrightarrow 2Fe^{2+} + 4e \tag{6-1}$$

$$O_2 + 2H_2O + 4e \longrightarrow 4OH^- \tag{6-2}$$

在反应（6-2）中，水中的氧不断地从船体表面夺取电子而发生还原反应；而反应（6-1）需要不断地进行为反应（6-2）提供电子；失去了电子的铁原子变成离子状态，在水分子这种极性分子的作用下，很容易溶解到水中，从而导致了船体的腐蚀。为了阻止腐蚀的发生，必须抑制反应（6-1）的进行。外加电流阴极保护，就是采用外电源向船体表面注入电流，以代替反应（6-1）向反应（6-2）提供电子。注入的电流使船体表面产生阴极极化，当极化电位达到 800mV 时（参比电极为 Ag/AgCl/Seawater），表面就会得到保护。

　　当外电源向船体注入电流时，由于海水是强电解质，具有导电性，因此会在船体周围的一块水体里产生电流，存在一定的电位分布。而舰艇表面的电位分布与防腐有紧密联系，因此必须设法求出。为此在舰艇周围划分出一片水域。这片水域大小的确定原则是：水域边界电流近乎为零。据此一般将水域的三维尺寸取为船体三维尺寸的 3~5 倍，如图 6-1c 所示。

　　当外加阴极装置通过辅助阳极向船体注入电流时，船体和船体周围的电解质构成导电回路，于是在船体周围存在一定的电位分布，当达到稳态时满足 Laplace 方程：

$$\frac{\partial^2 \varphi}{\partial x^2} + \frac{\partial^2 \varphi}{\partial y^2} + \frac{\partial^2 \varphi}{\partial z^2} = 0 \tag{6-3}$$

式中　φ——电解液电势；

　　　　$x, y, z \in \Omega$。

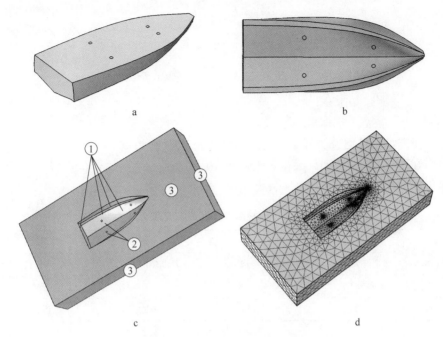

图 6-1　船体几何模型和有限元模型

a—船体；b—船体底面；c—边界条件；d—几何体离散

6.2.2　保护电流密度的确定

外加电流阴极保护所需电流，可以按照一定的设计规范确定。不过，正如在 6.1 节中所述，这种确定方法是基于平均电流密度的理念，较为粗糙。因此本节将输入电流密度也作为优化参数之一。不过，任何最优化开始前都需要一个初始值，而基于平均电流密度理念确定的电流大小，不失为一个较好的初始值，因此这里暂时采用这一方法确定所需电流。

一般来说，电流密度需要根据海水中构件的不同服役时期来确定。构件初期保护电流（I_{ini}）、终期保护电流（I_f）以及保护期内平均保护电流（I_a）是不同的，有各自的计算公式，而最终所需保护电流 I_c 应为 $\max(I_{ini}, I_f, I_a)$。本节采用保护期内平均保护电流，电流密度可按表 6-1 查得。这样某一被保护构件所需保护电流根据如下公式计算[6]：

$$I_c = A_c f_c i_c \tag{6-4}$$

式中　A_c——被保护构件表面面积，本研究为 12.564m² ；

　　　f_c——涂层破损率；

　　　i_c——保护电流密度。

对于保护初期、终期和保护期内涂层破损率 f_c 的计算公式是不同的，分别如下：

$$f_c = k_1 + k_2 t_f \tag{6-5}$$

$$f_c = k_1 + k_2 t_f/2 \tag{6-6}$$

$$f_c = 1 - (1 - k_1)^2/2k_2 t_f \tag{6-7}$$

式中　t_f——服役年限；

　k_1，k_2——常数，按表 6-2 选取。

　　本研究涂层种类选为Ⅱ类，且舰艇所处海水深度为 0~30m，因此 k_1、k_2 分别取为 0.05 和 0.03。如果服役年限取为 10 年的话，采用式（6-6）计算得到破损率为 $f_c = 0.2$。

表 6-1　保护期设计保护电流密度

深度/m	保护电流密度/A·m^{-2}			
	热带（大于 20℃）	亚热带（12~20℃）	温带（7~12℃）	寒带（小于 7℃）
0~30	0.07	0.08	0.10	0.12
>30	0.06	0.07	0.08	0.10

表 6-2　破损率常数 k_1、k_2

深度/m	涂层种类			
	Ⅰ（$k_1 = 0.1$）k_2	Ⅱ（$k_1 = 0.05$）k_2	Ⅰ（$k_1 = 0.02$）k_2	Ⅱ（$k_1 = 0.02$）k_2
0~30	0.10	0.03	0.015	0.012
>30	0.05	0.02	0.012	0.012

　　接下来确定电流密度 i_c。本研究均采用保护期的数据，表 6-1 为舰艇保护期不同环境下的电流密度值。根据舰艇现实服役环境，电流密度取为 0.08A/m²。由于船体被保护面积为 11.564m²，因此所需要的总电流为：$I = 11.564 \times 0.2 \times 0.08 = 0.185024$A。因为有四个电极供电，所以每个电极的供电电流为 0.185024A/4 ≈ 0.0463A。

6.2.3　边界条件

　　如图 6-1c 所示，所研究的电解质区域是由若干平面和曲面合围而成，这些边界上存在不同的边界条件。

6.2.3.1　电化学反应边界条件

　　边界①上发生电化学反应（6-1）和反应（6-2），其电流和电势关系分别遵循各自的 Tafel 公式：

$$i_a = i_0^{\text{Fe}} e^{\left(\frac{\varphi - \varphi_{\text{Fe}}}{A_{\text{Fe}}}\right)} \tag{6-8}$$

$$i_c = i_0^{O_2} e^{\left(-\frac{\varphi - \varphi_{O_2}}{A_{O_2}}\right)} \tag{6-9}$$

式中 $\varphi_{\text{Fe}}, i_0^{\text{Fe}}, A_{\text{Fe}}, \varphi_{O_2}, i_0^{O_2}, A_{O_2}$ ——分别为铁和氧的平衡电位、交换电流密度和塔菲尔斜率，具体数据见表6-3。

表 6-3　电化学参数

参　　数	铁	氧
平衡电位/V	0.76	0.189
塔菲尔斜率/V·m⁻¹	0.41	0.18
交换电流密度/A·m⁻²	7.7×10^{-7}	7.1×10^{-5}
修正后的交换电流密度/A·m⁻²	1.0787×10^{-7}	9.94×10^{-6}
海水电导率/S·m⁻¹	4	

需要注意的是，i_0^{Fe} 和 $i_0^{O_2}$ 是在船体没有防腐涂层的情况下测定的（即破损率为100%），当船体表面涂敷防腐涂层时，需要根据破损率进行修正，按下式修正交换电流密度：

$$i_m = i f_c \tag{6-10}$$

式中 i_m——修正后的交换电流密度；

i——破损率为100%时的交换电流密度，分别为 i_0^{Fe}、$i_0^{O_2}$，具体数据见表6-3。

6.2.3.2　电流边界条件

电极和海水的接触面②共有四个（图6-1c只标识了两个）。当外电源向船体表面注入电流时，电流也会通过接触面注入到海水中，因此存在如下关系：

$$\frac{1}{\sigma} \frac{\partial \varphi}{\partial n} = i_{\text{inject}} \tag{6-11}$$

式中 i_{inject}——注入的电流密度；

σ——海水电导率。

6.2.3.3　无限远处边界条件

所谓无限远不是空间位置的无限远，而是指电场强度很弱，近乎为零的地方，如图6-1c中的表面③，此处表面电流可看作为零：

$$\frac{1}{\sigma} \frac{\partial \varphi}{\partial n} = 0 \tag{6-12}$$

式中 n——表面法向方向。

6.2.4　表面电位分布

设置完边界条件后，对几何模型进行有限离散，得到有限元模型，如图 6-1d 所示，然后对模型求解，得到图 6-2 所示的船体表面电位分布云图和等值线图。由图可见，靠近电极的地方电位较高，电极中间区域电位低一些，总体来看，船体表面电位均小于保护电位 0.8V，可见整个船体都没有得到保护，先前估算的电流偏低，应适度增加电流供应。

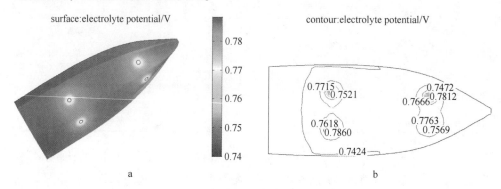

图 6-2　计算结果

a—电位分布云图；b—电位分布等值线图

6.3　最优设计方案

上述计算还未将最优化考虑进去，只计算了一定输入电流下船体表面电位分布，而本研究的最终目的是探索最佳外加电流阴极保护设计方案。

6.3.1　最优设计思路

一个最优的保护方案，应达到这样的效果：在最小的输入电流下，船体表面的保护面积达到最大。6.2.4 节中的电极布局显然不是最佳布局，因为表面保护电位没有达到 0.8V，大部分处于未保护状态，需要适当调节电流，并调整电极的位置。当然，如果单纯增大电流，则对布局的要求有所下降，尤其当电流增大到一定程度后，不管电极如何布置，船体表面都会得到保护。但是这种设计是粗放的，是以增大耗电量为代价的，不符合最优设计要求，所以必须确定合理的电流输入，以尽量低的电流，获得尽量大的保护面积。

图 6-3a 为舰体底面上的四个辅助阳极位置图。由于船体关于 yoz 面对称，因此只用 x_1、y_1、x_2、y_2 四个坐标即可描述电极位置。为方便起见，将这四个坐标的组合简写为 layout = $[x_1, y_1, x_2, y_2]$，称为布局。理论上，船体表面上的每个点都是电极的可能位置，这些位置可以组合成很多布局。当输入电流一定时，不断

变化 x_1、y_1、x_2、y_2 就可以组合得到很多布局（理论上无穷多个），最佳布局一定在这其中。不过，要从无穷多个布局中寻找最佳布局十分困难，因为不可能将所有的布局都计算一遍。鉴于此，我们换个思路，将无限可能变为有限可能，从有限个布局中找到最佳布局。

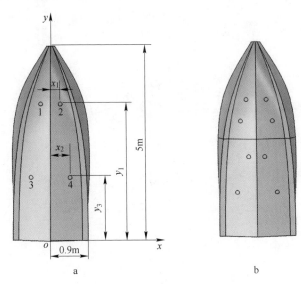

图 6-3　船体底面

a—电极坐标；b—电极不合理布局

　　为了把问题从无限变为有限，我们对船体底面人为地进行网格划分（不是有限元网格划分，而是布局网格划分）。网格的每个交叉点为一个电极的可能位置。如果能够利用计算机的高速度，将每一种布局都计算一遍，那么从得到的结果中筛选出最佳布局是不成问题的。不过，由于离散的原因（即网格不会无限密集），最佳布局不一定在其中，因此这一最佳布局只能算是较佳布局。得到较佳布局后，如果没有达到设计要求，则可以围绕较佳布局，在其附近再进行类似的搜索计算，又会得到新的较佳布局，于是就这样一层一层地逐级搜索下去，直至满意为止。

　　如图 6-4a 所示，假设 o_f、o_b 为最优阳极位置。现在将船体底部进行布局网格划分。网格划分前，需要做一些前处理，可以减少计算量或有利于得到最优解。如图 6-3 和图 6-4 所示用一条中线将船体分为上（左）、下（右）两部分。不难看出，四个阳极全部位于中线以上或以下，是不合理的布局。也就是说：电极 1、2 的 y 向位置范围是 $[y_{f_1}, y_{f_5}]$；而电极 3、4 的 y 向位置限制在 $[y_{b1}, y_{b4}]$ 范围内。由于船体前半部分由宽逐渐变窄，且表面曲率变化较大，密集一些，网格间距 $\Delta y_f = 0.2\mathrm{m}$，后半部分 $\Delta y_b = 0.25\mathrm{m}$。在纵向，为了不使电极越过船体边界，在边界处留有一定的空白，即 $Margin_1 = 0.07m$，$Margin_2 = 0.09m$，这一区域电极不能进入。扣除边缘空白后，剩下的部分是电极活动区，该区纵向采用均匀划分：

$$\Delta x_{fi} = (x_{fi}\text{-}Margin_2\text{-}Margin_1)/n\_x$$

$$\Delta x_{bj} = (x_{bj}\text{-}Margin_2\text{-}Margin_1)/n\_x$$

其中，$i = 1, 2, 3, 4, 5$；$j = 1, 2, 3, 4$；$n\_x = 4$。

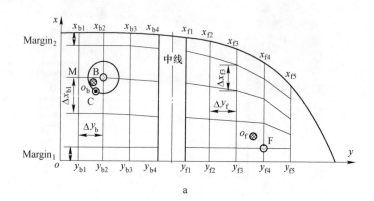

a

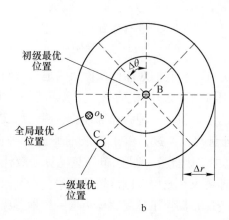

b

图 6-4　船体底面电极位置

a—船体底面电极位置采样；b—最优解搜索示意图

划分布局网格时，船体前后由于几何形状变化较大，因此网格疏密应有所不同：右部网格点数目为 $10 \times 4 = 40$ 个，而左部为 $8 \times 4 = 32$ 个，总的位置组合（布局）则有 $40 \times 32 = 1280$ 种（图 6-4a 只是划分示意图，并不是真实的划分结果），而较佳布局就在这 1280 个布局之中。接下来的任务就是计算这 1280 个布局，并分析结果从中选出较佳布局。

6.3.2 MATLAB 与 COMSOL 联机运算

一般来说，采用 COMSOL 进行有限元计算，要经过以下几个关键步骤：建立几何模型→施加边界条件→划分网格→开始计算。由于每一种布局都需要用 COMSOL 计算一遍，也就是说每一种布局都需走上述流程，如果单靠手工，则完成这项工作是不可想象的。幸运的是，这一计算过程可以通过 MATLAB 与 COMSOL 联机自动完成。MATLAB 与 COMSOL 联机后，可以在 MATLAB 中通过脚本控制 COMSOL 的运行。这样在脚本中就可以通过循环命令不断变换阳极位置，计算每个位置组合的电位分布。

为了能实现 COMSOL 与 MATLAB 的联机，首先必须先安装 MATLAB，然后再安装 COMSOL（顺序不能颠倒）。安装完毕后，在桌面上会出现如图 6-5 所示图标，表示联机安装成功。

图 6-5　COMSOL 与 MATLAB 联机安装

安装完毕后，双击这个图标，会弹出如图 6-6 所示界面，要求输入用户名和密码，可以按照自己的习惯任意输入（需要记住，以备下次登录使用）。确认后，就正式进入了 COMSOL 与 MATLAB 联机运算模式。值得一提的是，进入 MATLAB 后，须将目录设定为：C:\ Program Files \ COMSOL \ COMSOL52 \ Multiphysics \ mli。只有在这个目录下，才能进行联机运算。

图 6-6　COMSOL 与 MATLAB 联机配置

6.3.3 初级搜索

首先，确定一个初始的、试探性的外加电流。在 6.2 节中，根据规范确定的电流为 0.05A，计算结果表明该电流不符合要求，因此这里把电流调大一些，比如 0.08A，然后以这个电流作为初始，以一定的步长逐渐将电流调低，每调低一次，就充分利用计算机的高运算速度，计算 1280 种布局的电位分布以及达到保护电位的表面面积，并找到最大保护面积所对应的布局，将它们列在表 6-4 中。

表 6-4   初级搜索部分结果

布局方案	y_1/m	x_1/m	y_2/m	x_2/m	电流/A	被保护的面积/m^2	总面积/m^2	保护率/%
1	2.676427	0.07	0.226427	0.07	0.059	11.564	11.564	100.00
2	2.676427	0.59106	0.979727	0.71571	0.058	11.564	11.564	100.00
3	3.076427	0.52819	0.726427	0.72378	0.05729	11.481	11.564	99.28
4	3.076427	0.52819	0.726427	0.72378	0.05728	11.466	11.564	99.15
5	3.076427	0.52819	0.726427	0.72378	0.05727	11.448	11.564	99.00
6	3.076427	0.52819	0.726427	0.72378	0.05726	11.429	11.564	98.83
7	3.274327	0.07	0.979727	0.71571	0.057	10.359	11.564	89.58
8	3.476427	0.44437	1.726427	0.68186	0.056	6.9634	11.564	60.22

对表中的数据进行分析，可以得到以下初步结论：（1）第 1、2 方案中布局不同，所施加的电流也不同，但保护率都达到了 100%，这说明布局一定不是最佳布局，同时电流也不是最低电流，因此二者均有调整的必要；（2）另外，从第 2~7 方案看出，当电流由 0.058A 下降到 0.057A 以后，保护率由 100% 下降到 89.58%，尤其当电流降到 0.056A 时，保护率只有 60.22%，因此可以认定，最低电流应在 0.057~0.058A 之间，故从 0.058A 开始，电流下调的幅度开始变小，微调后的电流如表中 3~6 行所示。根据 3~6 行的电流计算得到了保护面积和保护率。此时保护率均低于 100%，表面上看似乎电流需要调高，但由于此时布局不一定是最佳的，因此还有潜力可挖：在保持较小电流的情况下，进一步精细调整电极的位置，从而使保护率达到最大。

6.3.4 精细搜索

初级搜索时，搜索半径和角度的确定也很重要，一般来说，搜索半径应为前后、上下网格最大间距的一半。以图 6-4a 中的 B 点为例，以它为中心的搜索半径为：$r = \dfrac{1}{2}\max[\Delta x_{b1}, (y_{b2}-y_{b1})]$。全局最优基本在这个范围内，因为如果超过这个范围，那么离全局最优位置 o_b 最接近的位置应该是 M 点，初级最优应该是 M 而不是 B 点，这样的话，精细搜索应在 M 处展开。搜索角度 $\Delta\theta$ 也应合理确定，太小的话，需要搜索的点很多，计算量很大；太大的话，有可能将最优解漏掉，经试算，$\Delta\theta$ 取 $10°$ 较为合适。

选择表6-5中的方案6（此时电流最低），作为精细搜索的出发点，并暂定方案6为初级最优。尽管初级最优布局不是全局最优，但它一定和全局最优比较接近，因此可以在其附近作进一步搜索，寻找全局最优。如图 6-4a 所示，假设电极3的全局最佳位置为 o_b，而经过初级搜索后得到初级最优布局为 B，则以 B 为圆心，以一定的径向步长和角度在其附近搜索，会找到更接近全局最优的布局 C（称为一级最优），它一定比初级最优更好些。找到一级最优布局后，还可以以它为出发点，在其附近做类似的搜索，得到二级最优布局，仿此模式，一级一级地搜索下去，理论上搜索能够无限接近全局最优布局。不过本研究的计算表明，只经过一级搜索就可以得到很满意的结果了，具体结果见表 6-5。由表可见，在输入电流（57.26mA）一定的情况下，第一个布局，使得表面的保护面积达到 100%，可作为最优方案。

表 6-5 精细搜索结果（电流 57.26mA）

布局方案	y_1/m	x_1/m	y_2/m	x_2/m	被保护的面积$/m^2$	总面积$/m^2$	保护率$/\%$
1	2.902855	0.52487	0.725727	0.72193	11.564	11.564	100
2	3.656155	0.52798	0.722627	0.72241	11.456	11.564	99.07
3	3.402855	0.52419	0.722627	0.72515	11.455	11.564	99.06
4	3.402855	0.52670	0.722427	0.7235	11.454	11.564	99.05
5	3.402855	0.52742	0.724427	0.72364	11.454	11.564	99.05
6	3.402855	0.52781	0.722927	0.7219	11.452	11.564	99.03

6.4 结果讨论

图 6-7a、b 分别为用 $x=0$ 和 $y=2.84m$ 的平面与船体相截得到的曲线上的保护电位分布。可以看出曲线上的保护电位均超过 0.8V，处于被保护状态，而最高的电位只有 0.8065V 左右，过保护并不严重。图 6-8a、b 分别为船体底面保护电位分布云图和等值线图，可以看出，船体底面电位全部高于保护电位 0.8V，在电极附近电位最高，在 0.84~0.85V 之间，有轻微过保护现象，但程度不大。总的来说，采用该方案，取得了比较满意的结果。

通过以上计算过程可以看出：外加电流阴极保护方案的确定是一件很困难的工作，传统设计方法存在不完善的地方，问题解决不圆满。而采用有限元方法可以得到较好的结果，并且效率大大提高，节约人力、物力。采用交替调整外加电流和电极位置的方法，能够逐步接近全局最优布局，此时所需外加电流最少，保护面积最大。由于电流采用逐步微调方法来确定，代替了传统的估算方法，因此所确定的外加电流更精确些。利用最佳方案计算得出的电位分布表明：船体表面均得到保护，电极附近存在轻微的过保护现象，但并不严重。本研究提出的方法，可以用于解决其他类似的问题，具有通用性。

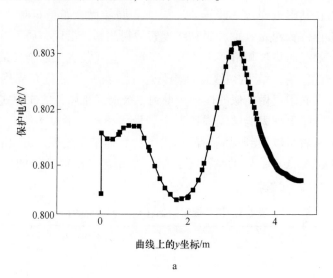

a

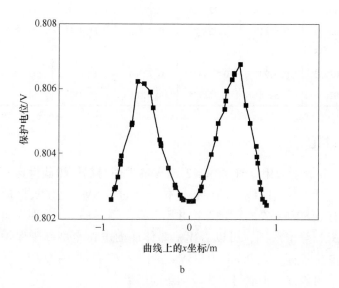

b

图 6-7　保护电位分布

a—截线 $x=0$；b—截线 $y=2.84\text{m}$

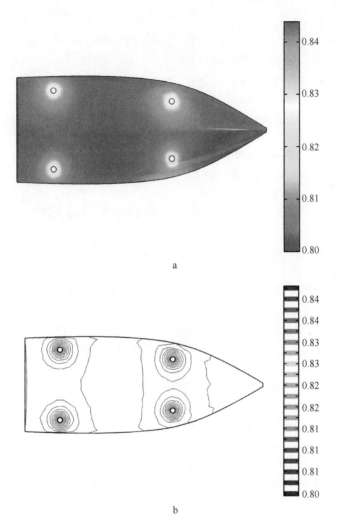

图 6-8　船体底面保护电位分布

a—云图；b—等值线

参 考 文 献

［1］王巍 . 几种金属在海水中阴极保护数值计算及瞬态激励影响研究［D］. 青岛：中国科学院海洋研究所，2011.

［2］刘存，赵增元，马永青 . 海洋结构物牺牲阳极阴极保护设计方法探讨［J］. 全面腐蚀控制，2011，25（9）：7-10.

［3］曾晓燕 . 船体外加电流阴极保护系统设计中问题的探讨［J］. 中国航海，2009，32（8）：93-96.

［4］郝宏娜，李自力 . 阴极保护数值模拟计算边界条件的确定［J］. 油气储运，2011，30

（7）：504-507.

［5］陈迎春，王新华，王翠 . X65 和 X80 管线钢在大港模拟土壤溶液中的阴极保护参数研究［J］. 表面技术，2018，47（6）：218-223.

［6］Sergio Lorenzi, Tommaso Pastore, Tiziano Bellezze. Cathodic protection modelling of a propeller shaft［J］. Corrosion Science, 2016（100）：36-46.

［7］Kear G, Barker B D, Stokes K R, et al. Corrosion and impressed current cathodic protection of copper-based materials using a bimetallic rotating cylinder electrode（BRCE）［J］. Corrosion Science, 2005, 47（7）：1694-1705.

［8］潘峻，熊建波，丁建军 . 淡海水环境下钢结构阴极保护的设计与实现［J］. 施工技术，2013，42（5）：261-263.

［9］余晓毅，赵赫，常炜 . 基于数值模拟的海上平台阴极保护系统的技术研究［J］. 装备环境工程，2017，14（2）：81-84.

［10］王弯弯，张胜寒，张秀丽 . 沿海及盐渍地区输电杆塔混凝土钢筋阴极保护技术研究［J］. 华北电力技术，2016，8：13-17.

［11］谢飞，王月，王兴发 . 辽河油田土壤中溶解氧对 X70 管线钢腐蚀的影响［J］. 表面技术，2018，47（10）：186-191.

［12］朱万武，许杨溢 . 船体外加电流阴极保护的应用［J］. 广东造船，2011（1）：55-58.

［13］尚兴彬，胡乃科，张守峰 . 外加电流阴极保护电流屏蔽与阴极干扰研究［J］. 石油化工腐蚀与防护，2015，32（6）：14-18.

［14］孙斌，王广，赵文革 . 沙钢取水船阴极保护技术的应用［J］. 城市建筑，2013（22）：332-334.

［15］刘极莉 . 船体内舱阴极保护设计技术研究［D］. 大连：大连理工大学，2005.

［16］Detnorske Veritas. Cathodic Protection Design［S］. Norway：DNV-RP-B401, 2010.

［17］Wrobel L C, Miltiadou P. Genetic algorithms for inverse cathodic protection problems［J］. Engineering Analysis with Boundary Elements, 2004, 28（3）：267-277.

［18］Hou L S, Sun W. Optimal positioning of anodes for cathodic protection［J］. SIAM Journal on Control and Optimization, 1996, 34（3）：855-873.

［19］Aoki S, Amaya K. Optimization of cathodic protection system by BEM［J］. Engineering Analysis with Boundary Elements, 1997, 19（2）：147-156.

［20］Abootalebi O, Kermanpur A, Shishesaz M R, et al. Optimizing the electrode position in sacrificial anode cathodic protection systems using boundary element method［J］. Corrosion Science, 2010, 52（3）：678-687.

［21］Sun W. Optimal control of impressed cathodic protection systems in ship building［J］. Applied Mathematical Modelling, 1996, 20（11）：823-828.

［22］Brebbia C A. The Boundary Element Method for Engineers［M］. London：Pentech Press, 1978.

［23］Wrobel L C, Aliabadi M H. The Boundary Element Method, Volume 2：Applications in Solids and Structures［M］. Chichester：John Wiley & Sons, 2002.